세상에서 가장 재미있는
화학

THE CARTOON GUIDE TO CHEMISTARY

Copyright © 2005 Larry Gonick and Craig Criddle
Published by arrangement with HarperCollins Publishers. All rights reserved.
Korean translation copyright © 2008 by Kungree Press
Korean translation rights arranged with HarperCollins Publishers,
through EYA(Eric Yang Agency).

이 책의 한국어판 저작권은 EYA를 통하여
HarperCollins Publishers사와 독점 계약한 '궁리출판'이 소유합니다.
저작권법에 의해 한국 내에서 보호를 받는 저작물이므로 무단 전재와 복제를 금합니다.

세상에서 가장 재미있는
화학

래리 고닉 그림·크레이그 크리들 글 | 김희준 외 옮김

THE CARTOON GUIDE TO CHEMISTRY

CONTENTS

1 | 숨겨진 성분　　　　7
2 | 물질은 전기적　　　23
3 | 뭉치기　　　　　　51
4 | 화학반응　　　　　73
5 | 반응열　　　　　　91
6 | 물질의 상태　　　111
7 | 용액　　　　　　135
8 | 반응속도와 평형　147
9 | 산/염기의 기본　171
10 | 화학열역학　　　197
11 | 전기화학　　　　215
12 | 유기화학　　　　233

부록 | 로그 사용하기　249
찾아보기　251
옮긴이의 말　258

Chapter 1
숨겨진 성분

불과 그 외 다른 과정들은
물질의 숨은 특징들을 나타내게 하였다.
나무토막을 가열하면 처음에는
뜨거운 나무토막일 뿐이지만
조금 있다가 갑자기 나무에
불길이 번지게 된다.
그 불길은 어디서 왔을까?

화학은 이러한 질문에 대답하는 학문이고
화학반응은 물질의 숨겨진 성질을 드러내는 그 이상한 변화를 가리킨다.

화학은 신비로운 것, 숨겨진 것,
보이지 않는 것에 대한 학문이다.
그래서 화학적 비밀이 드러나는 데
그리 오랜 세월이 걸린 것이다.
그리고 그 모든 과정은 **불**로 인해
시작되었다.

불의 가장 유용한 점은 **다른** 화학반응을
일으키는 데 사용할 수 있다는 것이다.
그 예로 식품의 조리를 들 수 있다.

당신은 과학자들이 어떤 사람들인지 알고 있을 것이다. 하나를 조리할 수 있다면
그들은 또 다른 하나를 조리할 것이다. 머지않아 그들은 돌덩이까지 조리하고 있었다.

그런데 정말 미친 소리로 들리겠지만 돌덩이 중 초록색의 잘 부스러지는 한 종류가 녹아서
주황색 액체로 변했고 그것이 식으니 반짝거리는 금속 **구리**가 되었다.

자신을 갖게 된 사람들은 붉은색 돌에서
철을 얻고 진흙을 구워 벽돌을 만들고
지방과 재를 볶아서 비누를 만들었으며,
우유를 엉기게 해 요구르트를 만들고
곡식을 발효시켜 맥주를,
배추를 발효시켜 김치를 만들게 된다.
우리 모두가 알 듯 이런 일을 통해
화학은 **문명**을 일으키게 된 것이다.

물질의 비밀을 무엇으로 설명할 수 있을까?
고대 그리스인들은 적어도 3가지의 이론을 생각해냈다.

데모크리투스를 대표로 하는 **원자론자들**(atomists)은 물질이 더 이상 자를 수 없는 아주 작은 입자들 또는 **atoms**(a-tom='no cut')로 만들어졌다고 생각하였다. 어떤 물질을 자르고, 자르고 또 자르면 언젠가는 더 자를 수 없는 단계가 올 것이라 생각한 것이다.

헤라클레이토스라는 철학자는 모든 물질이 **불**로 만들어졌다고 생각했다.

그러나 원자는 볼 수 없는 것이고…
불은? 글쎄!

위대한 **아리스토텔레스**는 **4가지 기본 원소** 또는 기본 물질이 있어 이들이 다른 모든 것의 성분이 된다고 했다. 이들은 **공기, 흙, 불, 물**이고 나머지 것들은 이 4가지 기본 성분이 섞인 것으로 보았다.

무슨 이유에서인지 앞의 3가지 아이디어
중에서 아리스토텔레스의 생각이
중세 과학에 가장 큰 영향을 미쳤다.
그것은 너무도 **낙관적**이었다.
모든 것이 4가지 기본 원소의 혼합물이라면
무엇이든 그 성분을 조금씩 바꾸면
다른 것으로 바꿀 수 있을 것이다!

이런 불가능한 일을 8세기에 **자비르**(Jabir)가, 10세기에 **알라지**(Al-Razi)가 페르시아에서 시도하였는데
그 과정에서 그들은 온갖 종류의 유용한 실험장비와 실험방법을 발명하게 된다.
이런 걸 보더라도 어리석은 아이디어를 가지고 대단한 실질적 발전을 이룰 수 있는 것이 분명해진다.

중세 유럽은 이슬람 과학에서 **연금술**(alchemy : 아라비아어로 화학을 뜻함)이라는 이름과
금을 만들려는 열망을 이어받게 되었다. 예를 들어 **브란트**(Hennig Brand)라는
독일인 연금술사는 60개 양동이의 소변을 증류하여 금을 얻고자 하였다.

결과적으로 브란트의 실험기구에는 어두울 때 환하게 빛나는 물질이 남게 되었다.
그는 금은 아니지만 인(phosphorus)을 발견하였던 것이다.

연금술사들의 사고(思考)는 황당했음에도 불구하고
그들은 실험실에서 많은 발전을 이루었다.
증류, 여과, 적정 등의 과정을 완성시켰고 유리세공,
야금술, 폭발성 물질, 부식물질에 대한 기술을 발전시켰다.
그리고 '도수를 높인 포도주'인 증류주를 발명했다.

오! 인간 내면의 연금술이여!

그러나 그들이 실험기술에서 중요한 점 하나를 놓쳤는데
그것은 바로 **기체**의 증감을 관찰하지 않았다는 것이다.
반응 중 기체가 소모되었을 경우 연금술사들은 그 사실을 알 방법이 없었기에,
생성되는 기체를 그냥 흩어지도록 놓아둔 것이다.

빨리 도망가자.

이 사실은 연금술사들이
화학반응에 사용된 물질과 생성된 물질을
온전히 설명할 수 없었다는 것을 뜻한다.

1600년대에 공기압력의 영향에 대한 조사가 있었는데 이로 인해 기체 또는 공기에 대한 근대적 탐구가 시작된 셈이다. 다음은 **게리케**(Otto Von Guericke : 1602~1686)의 실험을 보여준다.

게리케는 서로 잘 들어맞는 2개의 금속 반구를 만든 뒤, 밸브를 이용해 내부의 공기를 빼내도록 설계하였다.

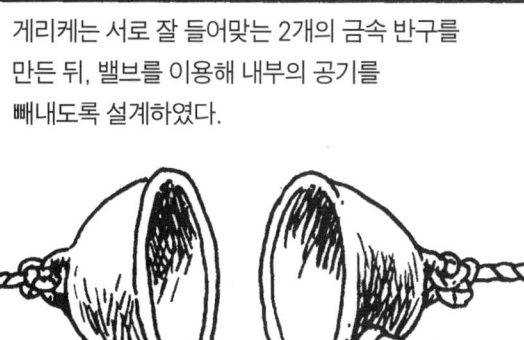

금속체가 진공에 가까운 상태가 되었을 때 두 마리 말의 힘으로도 두 금속체를 떼어놓을 수 없었다!

하지만 다시 공기를 들여보내자…

두 반구체는 쉽게 분리되었다.

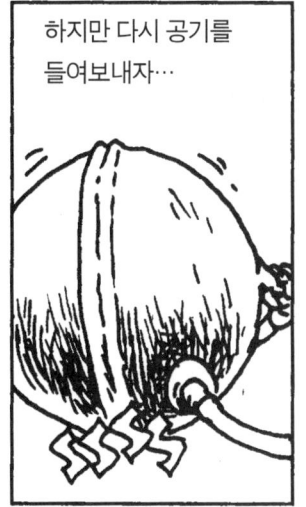

설명 : 공기가 금속체의 바깥쪽에 압력을 행사하여 두 반구체가 붙어 있도록 한다. 내부의 공기가 같은 힘으로 바깥쪽으로 밀어붙일 때에만 두 반구체는 쉽게 떨어진다.

분리되기 어려움　　분리되기 쉬움

집에서 쉽게 해볼 수 있는 실험으로 같은 원리를 확인할 수 있다. 병에 물을 채우고 뚜껑을 꽉 닫아라. 병을 거꾸로 들고 뚜껑 있는 쪽을 수조에 잠기게 넣어라. 부엌의 수채통에 물을 가득 받아 사용하면 좋다. 물속에서 뚜껑을 빼내라. 병은 물이 가득 찬 그대로 있을 것이다.

수조 표면에 공기가 가하는 압력 때문에 물이 병 속에 있는 그대로 남게 된다.

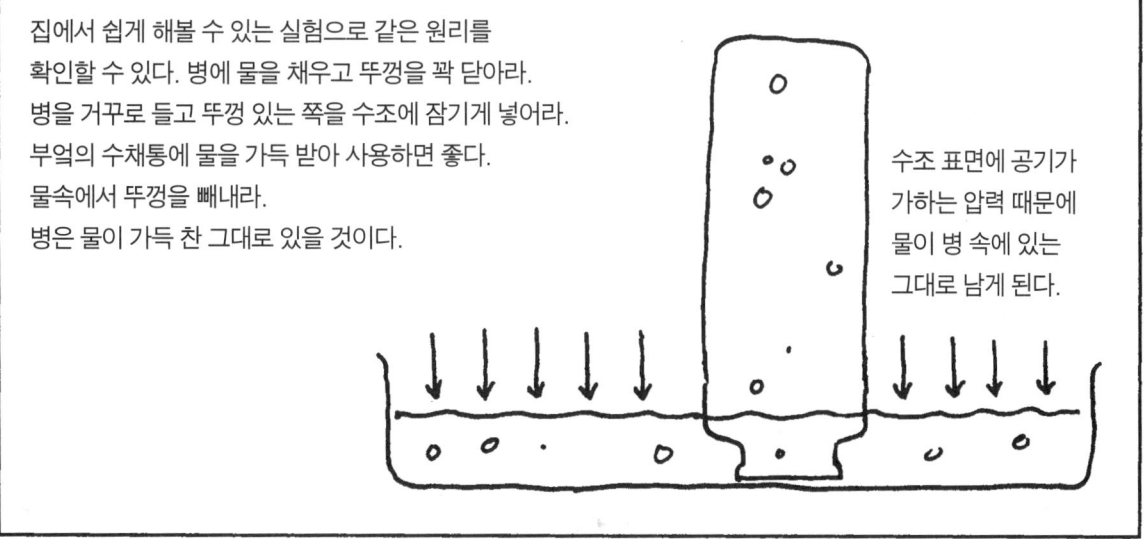

이 거꾸로 세운 병을 **프리스틀리**(Joseph Priestly : 1733~1804)라는
목사가 그의 부엌에 만든 실험실에서
기체 포집장치로 이용하게 된다.

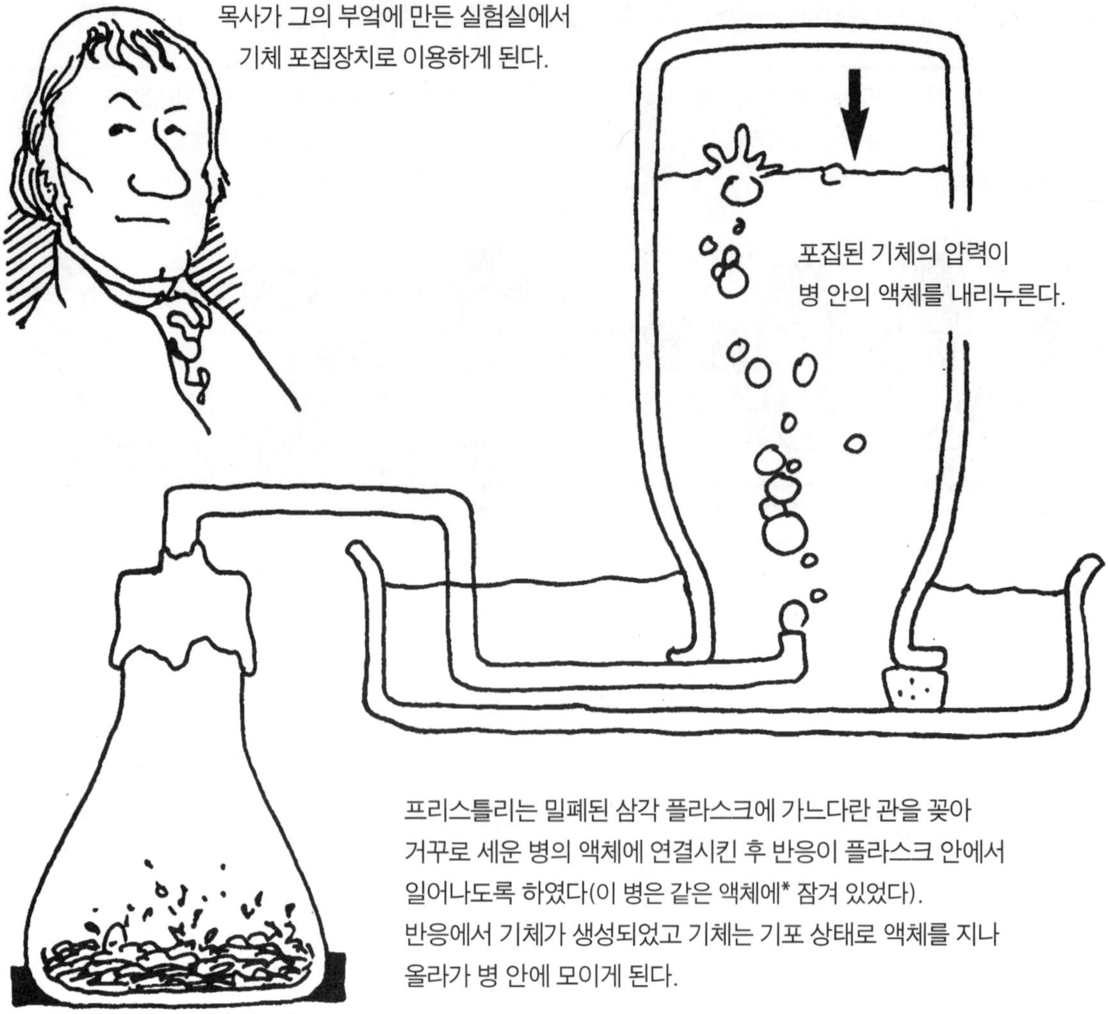

포집된 기체의 압력이
병 안의 액체를 내리누른다.

프리스틀리는 밀폐된 삼각 플라스크에 가느다란 관을 꽂아
거꾸로 세운 병의 액체에 연결시킨 후 반응이 플라스크 안에서
일어나도록 하였다(이 병은 같은 액체에* 잠겨 있었다).
반응에서 기체가 생성되었고 기체는 기포 상태로 액체를 지나
올라가 병 안에 모이게 된다.

프리스틀리는 기체를 집 안 여기저기에 널려 있던 돼지 방광에 담아두었다.

내가 후피 쿠션**을
발명했네!

* 생성된 기체가 물에 녹을 경우에는 수은을 사용하지만 보통은 물.
** 뿡뿡 쿠션 : 앉으면 방귀소리가 나는 고무주머니.

예를 들어 쇳조각에 강산을 부으면 반응 중에 폭발적으로 타는 기체 또는 '가연성 공기'가 만들어지는데 그것은 현재 우리가 아는 **수소**이다.

다른 실험에서 그는 수은회라는 붉은 광석을 가열했다. 광석이 녹으며 순수한 수은방울이 플라스크 내벽에 응집되었고 기체는 물병 안에 모였다.

프리스틀리는 연기와 재를 피하기 위해 렌즈를 사용하여 가열했다.

프리스틀리는 불꽃이 이 새로운 기체를 만나면 아주 환하게 타는 것을 관찰했다.

그는 불꽃이 좋은 (숨 쉴 수 있는) 공기에서는 잘 타고 나쁜 (석탄 광산에서처럼) 공기에서는 꺼지는 것을 알고 있었으므로 한두 번 들이마셔 보았다.

그런 후 기록하기를,

"내 폐에서의 느낌은 보통의 공기와 크게 다르지 않았다. 그러나 그 후 한참 동안 나의 호흡이 아주 가볍고 편한 느낌이었다. 이 순수한 공기가 훗날 인기 있는 사치 품목이 될지도 모르지. 이제까지는 나와 두 마리 생쥐만 그것을 마셔보는 특권을 누린 셈이다."

같은 시기에 프랑스의 **라부아지에**(Antoine Lavoisier : 1743~1794)가 순서를 거꾸로 하여 비슷한 실험을 했다.

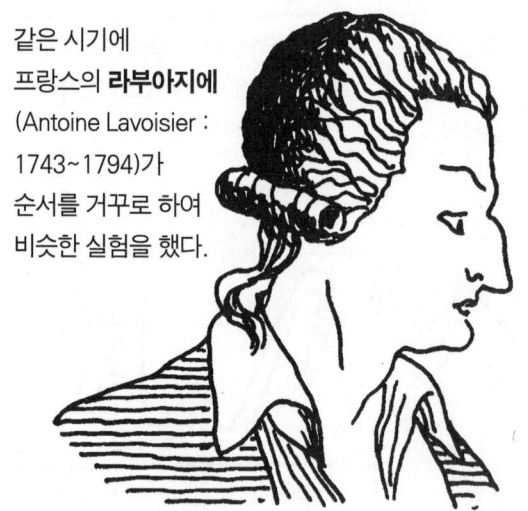

그는 주석조각을 단단히 밀폐한 플라스크에 넣고 가열하였다. 녹고 있는 주석의 표면에 회색의 재가 나타났다. 라부아지에는 더 이상 재가 생기지 않을 때까지 하루반 동안을 가열하였다.

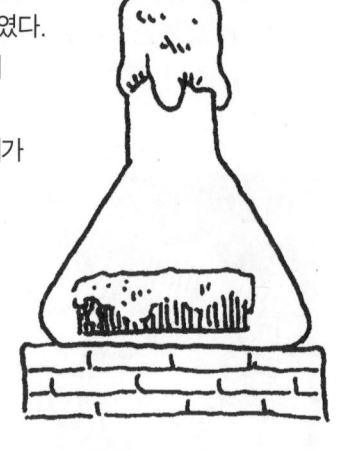

플라스크를 식힌 후에 물속에 거꾸로 넣고 뚜껑을 열었다.

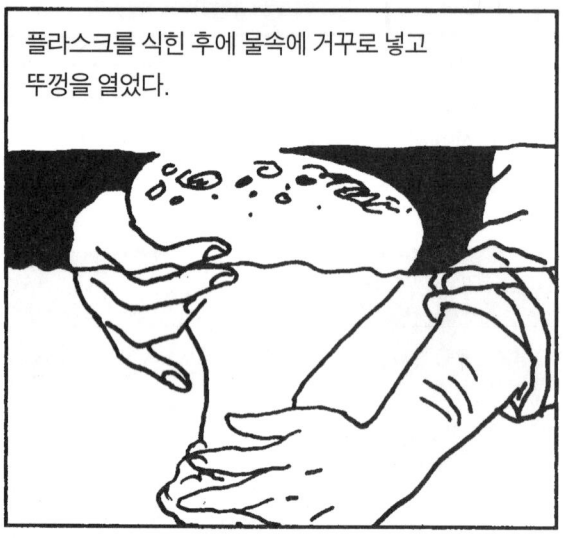

그는 물이 플라스크 부피의 **1/5 위치**까지 올라온 것을 보았다.

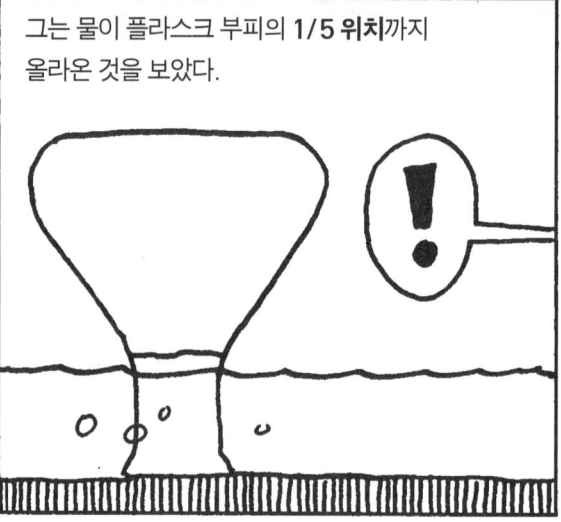

결론 : 플라스크에 원래 들어 있던 공기의 1/5이 반응 중 없어진 것이다. 공기는 주석과 결합하여 재처럼 보이는 물질을 만든 것이 분명하다.

라부아지에는 공기가 두 종류의 다른 기체가 섞여 있는 **혼합물**이 틀림없다고 생각하였다. 그중 공기 전체 부피의 1/5을 차지하는 것이 주석과 결합하였고 나머지는 반응하지 않았던 것이다.

즉 공기는 원소가 아니라는 것이지!

아이쿠!

그다음에 라부아지에는 주석 대신 수은을 사용하여 실험을 반복하였다. 강하게 가열하였을 때 수은 또한 재(금속회라고도 함)를 만들었고 공기 중 일부 기체가 없어졌다. 그런데 약하게 가열하니 재로부터 원래의 수은과 기체가 다시 생겨났다. **프리스틀리가 한 것처럼**.

다시 말하면, 프리스틀리의 '좋은 공기'는 라부아지에가 발견한 대기의 20%를 차지하는 기체와 동일한 것이었다. 그 후 이 프랑스의 화학자는 그 기체를 **산소**라 명명하였다.

해석 : 수은회는 금속과 산소의 **화합물**(compound), 즉 금속산화물이었다.

라부아지에는 무게를 측정하여 이를 확인하였다. 반응하지 않은 나머지 금속과 재를 합한 무게는 원래의 금속 무게보다 컸다.

라부아지에의 일반적 결론 :
연소(combustion)는 연료가 산소와 결합하는 과정을 말한다.
다시 말해서 **불은 원소가 아니고** 산소를 먹어치우며 열과 빛을 뿜어내는 화학반응이다.

또한 라부아지에는 밀봉된 플라스크와 그 속의 내용물의 무게를 합한 총량은 반응 전과 후에 그대로임을 알아냈다.

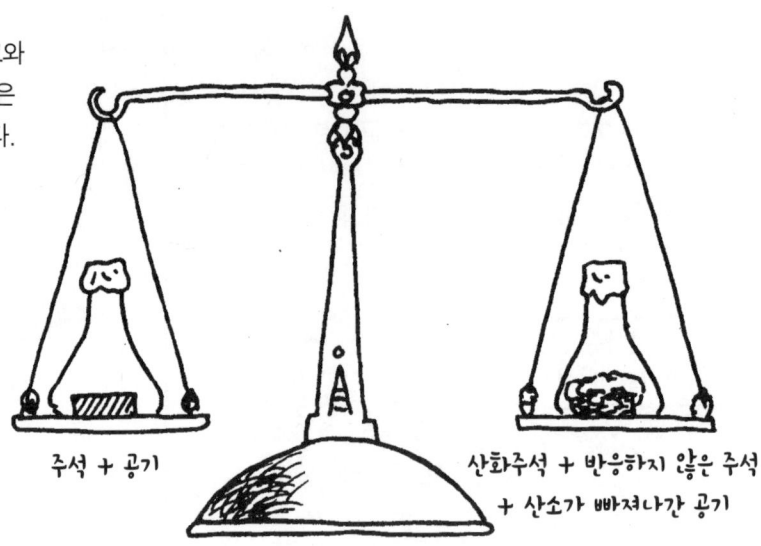

주석 + 공기 　　　산화주석 + 반응하지 않은 주석 + 산소가 빠져나간 공기

그래서 그는 **물질의 보존법칙**을 제안하였다.

화학반응에서는 아무것도 창조되거나 파괴되지 않는다. 원소는 단지 새로운 조합으로 재결합될 뿐이다.

라부아지에는 화학이 해야 할 프로그램을 제안했다. 원소를 발견하고 그들의 중량과 결합의 규칙을 찾아라. 그런데 그는 프랑스 혁명 중 교수형에 처해졌다. 그래서 그의 머리를 다른 사람들이 실어 나갔듯이 그의 화학 프로그램도 다른 사람들에 의해 실행되어야 했다.

"머리의 무게와 몸의 무게를 합하면…"

화학자들은 열의를 가지고 이를 따랐으며 1800년까지 30여 가지의 원소를 발견하였으나 그중에 물은 없었다. 물은 수소와 산소의 화합물임이 밝혀졌다.

"수소 풍선 좋아하셔? 재밌거든!"

"으음…"

그들이 알아낸 바에 따르면 화합물은 아리스토텔레스가 생각한 것처럼 적당히 섞여 있는 것이 아니었다. 화합물의 원소들은 항상 고정된 비율로 결합한다. 예를 들어 물은 두 부피의 수소와 한 부피의 산소가 항상 정확하게 결합하여 만들어진 것이다.

이러한 발견들을 보고 **돌턴**(John Dalton : 1766~1844)은 **물질의 원자론**을 부활시키게 되었다. 그는 각 원소는 아주 작은 더 이상 자를 수 없는 원자로 만들어졌으며 한 원소의 원자들은 서로 똑같으나 다른 원소의 원자들과는 다르다고 생각하였다.

돌턴은 화합물인 물질의 경우 원자가 고정비율로 들어 있는 **분자**로 이루어져 있다고 보았다.

원자는 너무 작아 보이지 않지만 원자론은 그들이 보는 것을 잘 설명하였으므로 과학자들은 원자론을 받아들였다.

이런 일이 일어나는 동안에도 과학자들은 새로운 원소를 계속 찾았고 1860년대까지 거의 **70가지**의 원소를 발견하였다. 그것은 참으로 볼 만한 목록이었다. 원소는 고체, 액체 또는 기체였고 노랑색, 초록색, 검정색, 흰색 또는 무색이었으며 잘 부스러지는 것도 있고 휘어지는 것도 있었으며 격렬하게 반응하는 것 또는 활성이 별로 없는 것도 있었다.

여기 무슨 규칙이 있을꼬?

곧 한 가지 사실이 분명해졌다. 어떤 원소들은 다른 것들에 비해 서로 비슷한 점이 많았다. **나트륨**과 **칼륨**은 둘 다 물과 격렬하게 반응하였다. **염소, 플루오린, 브로민**은 모두 나트륨, 칼륨과 1:1로 결합하였다. **탄소**와 **규소**는 2개의 **산소**와 결합하였다.

흠! 원소도 사람들처럼 **가족**이 있네!

나트륨은 우리 엄마를 생각나게 하는군. 신랄하고 반응이 즉각적이지….

1869년의 어느 날 아침, **멘델레예프**(Dmitri Mendeleev : 1834~1907)라는 러시아의 과학자는 어떤 아이디어를 가지고 잠에서 깨어났다. 원소를 원자량이 증가하는 순서대로 적고 일정한 간격으로 접어보자!

결과적으로 원소가 여러 줄로 늘어선 형태의 표가 만들어졌다. 아래에 초기 형태의 멘델레예프의 표가 있다. 온전한 주기율표는 다음 장에 나온다.

HYDROGEN						
LITHIUM	BERYLLIUM	BORON	CARBON	NITROGEN	OXYGEN	FLUORINE
SODIUM	MAGNESIUM	ALUMINUM	SILICON	PHOSPHORUS	SULFUR	CHLORINE
POTASSIUM	CALCIUM					

원소들은 **주기적인 경향**을 보여주었다. 각각의 수직 세로줄에는 화학적으로 비슷한 원소들이 들어 있었다. 실제로 멘델레예프는 표 아랫부분의 비어 있는 자리에 **새로운 원소**가 채워질 것을 정확하게 예측하기도 했다.

주기율표는 멋진데 그걸 어떻게 설명하지? 사실 화학의 어느 부분이라도 설명할 수 있겠는가? 원자의 무게는 왜 차이가 나며 어떤 원소가 왜 다른 어떤 원소와 결합했는가? 화학자들이 그들의 관찰을 상당부분 해석할 수 있게 되었지만 아주 중요한 질문은 계속 남아 있었다. **"왜?"**

그 질문 아주 맘에 드네!

답을 찾기 위해 과학자들은 그들이 항상 사용해오던 논리를 따랐다.
물질이 원소로 이루어지고 원소가 원자로 이루어졌다면 원자는 무엇으로 만들어졌는가?

최고의 질문이지!

Chapter 2
물질은 전기적

자연이 가진 비밀 가운데 불 이외의 것이 또 하나 있었는데… 적어도 처음에는 비밀인 것처럼 보였다.

이 비밀은 **호박**(琥珀, amber)에 관한 것인데… 그리스인들이 **엘렉트라***라고 부르는 것이다.
이 호박을 모피에 문지른 다음엔 이상하게도 그것이 솜털, 깃털과 팔뚝의 털까지 잡아당기는 것이다.

수백 년 후 윌리엄 길버트라는 영국인이 호박과 같은 성질을 가진 물질들을 발견하였다. 그는 그런 물질 모두가 '엘렉트라'를 가지고 있다고 생각했다.

그 후 사람들은 실제로 두 종류의 전기 물질이 있는 것을 주목하게 되었다.
하나는 다른 것이 끌어당기는 것을 밀어내는 것이었다.

* 옮긴이 주 : 유진 오닐의 희곡(Mourning Becomes Electra)으로 그리스 비극의 주인공.

1750년경에 **프랭클린**(Benjamin Franklin : 1706~1790)은 이 두 종류의 전기를 양성과 음성으로 표현하였다.

양성은 양성을 밀어내고 음성은 음성을 밀어낸다. 양성과 음성은 서로를 끌어당기고 각자의 전기를 상쇄한다. 보통 중성 물질에서는 정반대의 전하가 같은 양으로 존재한다.

때로 음전기가 물질 밖으로 흘러나와 전기 **불균형**이 생긴다. 한쪽에는 음전기 다른 한쪽에는 양전기만 있다.

그렇지만 서로 끌어당기는 힘 때문에 음전하가 양전하 쪽으로 갑자기 불꽃을 튀기며 흘러들어 가기도 한다.

"그저께 밤에 40개의 작은 유리병*에 해당하는 2개의 큰 유리병을 사용해서 칠면조 한 마리를 쇼크사 시키려다가 실수로 한 손으로는 두 병의 꼭대기 도선을 잡고, 다른 손으로는 두 병의 바깥쪽을 연결한 체인을 잡는 바람에 내 팔과 전신이 크게 쇼크를 먹었다."**

— 벤저민 프랭클린, 1750

자, 진짜 대박을 향하여!

* 옮긴이 주 : 전기를 저장하는 라이덴 병.
** 장난 좋아하는 미국 건국의 아버지가 재미로 한 일 중의 하나였다!

건전지의 발명으로(Volta, 1800) 구리 같은 도선을 통해 음전하가 지속적으로 **흐르도록**(전류) 하는 것이 가능해졌다.

화학자들은 물에 전류를 흘려보았다. 2개의 금속조각(전극)을 건전지에 연결시키고 물에 잠기게 하였다.

전류가 흐르자 음극에서는 **수소**가 양극에서는 **산소**가 방울로 나타났다.

전기는 물을 분해한다! 과학자들은 곧 **전기분해** (전기로 쪼개기)를 다른 물질에 적용해보았다. 식용 소금을 전기분해하면 음극에서 금속 **나트륨**이 양극에서는 초록색의 독성 **염소기체**가 생성된다.

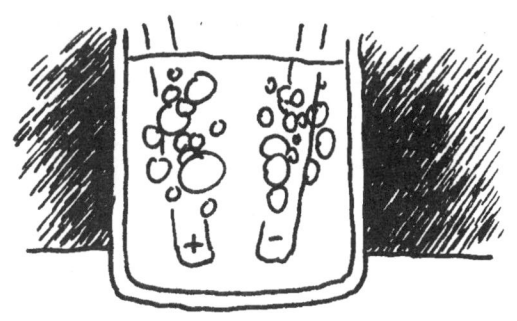

몇 군데서 전기를 관찰하는 것과 전기를 어디서나 보는 것 사이에는 커다란 도약이 있다. 그게 여러분이 공부하는 과학이다.

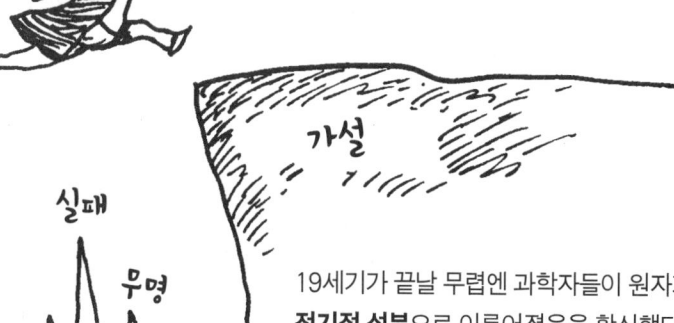

19세기가 끝날 무렵엔 과학자들이 원자가 **전기적 성분**으로 이루어졌음을 확신했다.

그 가설이란 이런 것이다.

원자는 전기를 띤 작은 입자들로 이루어졌다 (중성입자도 있다). 각각의 원자는 같은 수의 양전하와 음전하를 가진다. 음전하를 띠는 **전자**는 무게가 거의 없고 쉽게 움직인다.

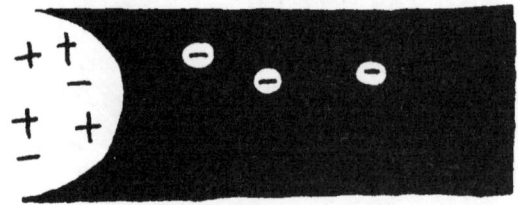

다른 종류의 원자들은 전자를 **받아들여** 음전하를 가지는 **이온(음이온)**이 되는데 이들은 양극에 끌리게 된다.

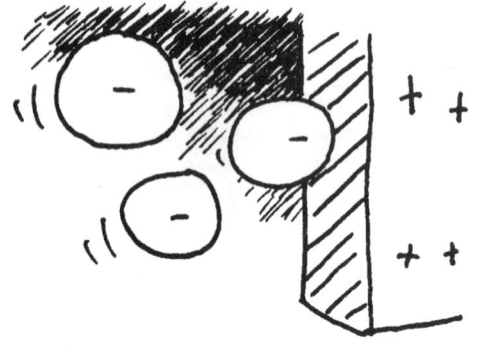

전자가 원자를 떠나면 양전하를 가진 원자 즉 **양성의 이온**(positive ion)이 남는다. 이러한 이온들은 음극에 끌리며 **양이온**(cation)이라 부른다.

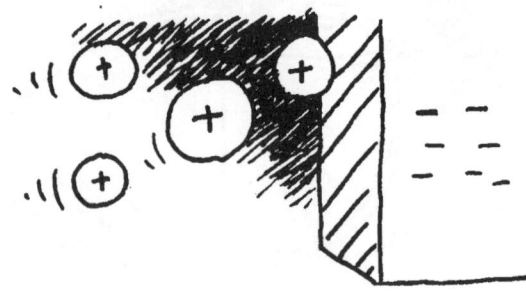

예를 들어 소금에서 나트륨 양이온은 염소 음이온에 끌려 **염화나트륨의 결정**(crystal)을 만들게 된다.

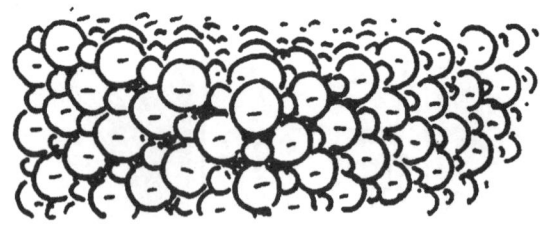

전기분해하면 이들 이온들은 전극 쪽으로 이동하고 소금은 분해된다.

매우 중요한 사실

 원자들은 전자를 공유하거나 서로 주고받음으로 화학적으로 결합한다.

화학을 이해하려면 전자가 각각의 원자 내에서 어떻게 행동하는지를 알아야 한다.

작은 그림이란 얼마나 작은 것일까? **100만 배**로 늘려보자. 사람의 머리카락이 이제 30층 건물에 해당되는 두께이고, 박테리아는 어뢰 크기이며, 원자는 겨우 작은 점으로 보이기 시작한다.

1,000배 더 확대하면 **나노미터**(=10^{-9}미터)가 보인다. 그림의 사람은 2나노미터 정도 크기에 해당되고 원자는 사람의 1/10 정도이다. 여기는 에너지가 넘치는 환경이다. 빛의 파동이 난무하고 모든 원자가 진동하고 있다.

오른쪽 그림은 연필에서 떨어져 나온 **흑연조각**이다. 탄소원자는 얇은 판 위에 있는 것처럼 가지런히 놓여 있고 각 판들은 쉽게 서로 미끄러질 수 있다. 이런 구조는 흑연이 왜 좋은 윤활물질인지 설명해준다.*

10배 더 확대하여 원자 크기 정도인 10^{-10}미터로 가서, 탄소원자 하나를 보자. 이제 어렴풋이 주위에 전자들이 바쁘게 움직이는 것을 느낄 수 있다. 그런데도 전자들이 정확히 어디 있는지 말하기는 상당히 어렵다.

* 연필심은 흑연과 진흙의 혼합물이다.

이제 100배를 더 확대하여 **피코미터** 단계로 가보자.
이는 100만분의 1의 100만분의 1, 즉 실제 크기의 10^{-12}이다.
드디어 양전하들이 보이는데 원자 가운데의 아주 작은 중심, 곧 원자핵에 집중되어 있다.
원자의 직경이 축구장의 길이만하다면 **원자핵**은 완두콩보다 더 작다.
원자는 대부분 빈 공간인 것이다.

일반적인 경우에 탄소핵은
12개의 입자로 만들어진다.
양전하를 가지는 6개의 **양성자**와
전하가 없는 6개의 **중성자**가 그것이다.
양성자의 전하는 주변의
6개의 음성 전자에 의해 상쇄되어
원자는 전체적으로 중성이다.

아주 강력하고 짧은 거리에서 작용하는 **강한 핵력**(strong force)*이
전기적 반발력보다 훨씬 세기 때문에 양성자들이 핵에 붙잡혀 있게 된다.
이 강력한 잡아당기는 힘 때문에 대부분의 원자핵들을 파괴하는 것이 실질적으로 불가능하다.
바로 이런 탄소원자가 지구를 몇천만 년 동안이나 돌아다니고 있는 것이다.

원자질량의 거의 대부분이
아주 작은 원자핵에 집중되어 있다.
양성자와 중성자(무게가 거의 비슷하다)
각각의 질량은 전자 질량의
1,840배에 해당한다.

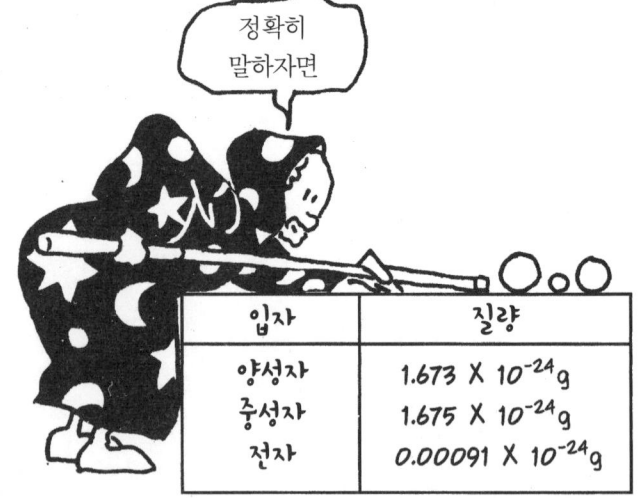

입자	질량
양성자	1.673×10^{-24} g
중성자	1.675×10^{-24} g
전자	0.00091×10^{-24} g

* 예전과 달리 요즘 과학자들은 멋진 이름들을 고안해내지 않는다(옮긴이 주 : '강한 핵력'이 단지 평범한 이름이라는 뜻).

몇 가지 유용한 정의

원소의 **원자번호**는 핵에 있는 양성자의 수이다.
탄소의 원자번호는 6이다.

지구상에 존재하는 탄소원자 중 거의 99%는 6개의 양성자와 함께 6개의 중성자를 가지고 있다.
우리는 이것이 12개의 핵입자들의 질량과 아주 가깝기 때문에 탄소-12라고 부르고 보통 ^{12}C라고 쓴다.

보다 엄밀히 말한다면 화학자들은
원자질량단위(atomic mass unit : amu)를
정확하게 ^{12}C **원자 1개 질량의** 1/12로 정의한다.
보통 탄소원자의 질량은 정의에 의해
정확하게 12.000000amu이다.
다른 원소의 원자질량은 이 기준치에 대한
상대적인 값으로 계산된다.

나머지 1.1% 정도의 탄소원자들은 7개의 중성자를 가지고 있다. 이들도 양성자 숫자는 6개여야 하나 (그렇지 않다면 탄소가 아니니까!) 이 **탄소-13** 원자는 **탄소-12**보다 무게가 상당히 더 나간다.

^{12}C, ^{13}C 그리고 매우 드문 형태로
8개의 중성자를 가지는 ^{14}C은
탄소의 **동위원소**라고 불린다.
원소의 동위원소는 같은 숫자의
양성자를 가지나 중성자 수는 다르다.

^{13}C 원자핵

^{14}C 원자핵

원자 중에서 가장 간단한 것은 **수소**이며 H로 표현하고 원자번호는 1이다. 거의 모든 수소원자들에서 하나의 전자가 하나의 양성자 주위를 맴돌지만 중성자가 1개나 2개인 동위원소도 또한 존재한다.

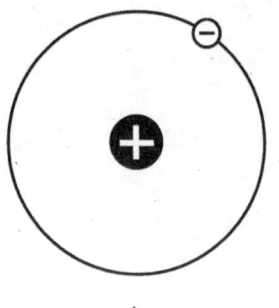
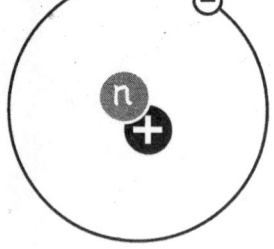
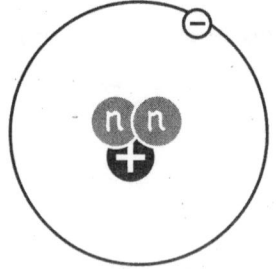

¹H   ²H (이중수소 : deuterium)   ³H (삼중수소 : tritium)

우리에게 친숙한 원소인 **산소**는 O라고 쓰는데 원자번호는 8이다. 산소의 가장 흔한 동위원소는 8개의 중성자를 가지며 원자량은 16 정도이다.* 다른 동위원소로는 ^{17}O과 ^{18}O이 있다.

^{16}O 원자핵 ^{17}O 원자핵 ^{18}O 원자핵

자, 이제 당신이 묻기를 모든 원소가 각자의 원자번호를 가진다면, 모든 번호에 원소가 존재할까? 37개의 양성자를 가지는 원소가 존재할까? 52는? 92는?

* ^{16}O의 실제 질량은 15.9949amu이다. 사라진 약간의 질량은 원자핵을 붙들어 매는 **강한 핵력**의 **에너지**로 바뀐 것이다. 비슷한 이유로 다른 원자들도 정수가 아닌 무게를 갖는다.

자연에는 원자번호 1(수소)부터 92(우라늄)까지 존재하는 것으로 밝혀졌으나 그중 몇몇 원소는 아주 적은 양이 있을 뿐이다.

순서가 여기서 끝나는 이유는 큰 핵(83인 비스머스보다 큰 것)들이 불안정하기 때문이다. 92인 우라늄보다 큰 것들은 매우 빠르게 붕괴되므로 우리가 자연에서 볼 수 없는 것이다. 물리학자들이 92개 이상의 양성자를 가진 핵을 만들 수는 있지만 그것들은 별로 오래 살아남지 못한다.

* 옮긴이 주 : 희귀를 뜻하는 'rare'는 요리에서는 고기를 붉은 피가 보일 정도로 덜 익게 구운 상태를 말한다(여기서는 스칸듐이 희귀하다는 뜻).

자연에 존재하는 92개 원소들의 목록이 여기 있다.

1. Hydrogen, H (수소)
2. Helium, He (헬륨)
3. Lithium, Li (리튬)
4. Beryllium, Be (베릴륨)
5. Boron, B (붕소)
6. Carbon, C (탄소)
7. Nitrogen, N (질소)
8. Oxygen, O (산소)
9. Fluorine, F (플루오린)
10. Neon, Ne (네온)
11. Sodium, Na (나트륨/소듐)
12. Magnesium, Mg (마그네슘)
13. Aluminum, Al (알루미늄)
14. Silicon, Si (규소)
15. Phosphorus, P (인)
16. Sulfur, S (황)
17. Chlorine, Cl (염소)
18. Argon, Ar (아르곤)
19. Potassium, K (포타슘/칼륨)
20. Calcium, Ca (칼슘)
21. Scandium, Sc (타이타늄/스칸듐)
22. Titanium, Ti (티탄)
23. Vanadium, V (바나듐)
24. Chromium, Cr (크로뮴/크롬)
25. Manganese, Mn (망가니즈/망간)
26. Iron, Fe (철)
27. Cobalt, Co (코발트)
28. Nickel, Ni (니켈)
29. Copper, Cu (구리)
30. Zinc, Zn (아연)
31. Gallium, Ga (갈륨)
32. Germanium, Ge (저마늄/게르마늄)
33. Arsenic, As (비소)
34. Selenium, Se (셀레늄)
35. Bromine, Br (브로민/브롬)
36. Krypton, Kr (크립톤)
37. Rubidium, Rb (루비듐)
38. Strontium, Sr (스트론튬)
39. Yttrium, Y (이트륨)
40. Zirconium, Zr (지르코늄)
41. Niobium, Nb (나이오븀/니오브)
42. Molybdenum, Mo (몰리브데넘/몰리브덴)
43. Technetium, Tc (테크네튬)
44. Ruthenium, Ru (루테늄)
45. Rhodium, Rh (로듐)
46. Palladium, Pd (팔라듐)
47. Silver, Ag (은)
48. Cadmium, Cd (카드뮴)
49. Indium, In (인듐)
50. Tin, Sn (주석)
51. Antimony, Sb (안티모니/안티몬)
52. Tellurium, Te (텔루륨/텔루르)
53. Iodine, I (아이오딘/요오드)
54. Xenon, Xe (제논/크세논)
55. Cesium, Cs (세슘)
56. Barium, Ba (바륨)
57. Lanthanum, La (란타넘/란탄)

58~71. 생략

72. Hafnium, Hf (하프늄)
73. Tantalum, Ta (탄탈럼)
74. Tungsten, W (텅스텐)
75. Rhenium, Re (레늄)
76. Osmium, Os (오스뮴)
77. Iridium, Ir (이리듐)
78. Platinum, Pt (백금)
79. Gold, Au (금)
80. Mercury, Hg (수은)
81. Thallium, Tl (탈륨)
82. Lead, Pb (납)
83. Bismuth, Bi (비스머스)
84. Polonium, Po (폴로늄)
85. Astatine, At (아스타틴)
86. Radon, Rn (라돈)
87. Francium, Fr (프랑슘)
88. Radium, Ra (라듐)
89. Actinium, Ac (악티늄)
90. Thorium, Th (토륨)
91. Protactinium, Pa (프로탁티늄)
92. Uranium, U (우라늄)

(93, 94와 그 이상의 것은 인공적으로 만들 수 있으나 불안정하다.)

뜬구름 같은 전자 The Elusive Electron

앞 페이지에서 본 황당한 목록을 우리의 목표인 주기율표로 만들기 위해, 이제 우리는
원자의 다른 주요 성분인 전자를 살펴보기로 한다. 미리 말해두지만 전자는 우리 상식에 어긋난다.
전자들이 **양자역학**(quantum mechanics)이라 이름하는 현대 물리학의 기괴한 규칙을 따르기 때문이다.

이렇게 생각해보자.
전자는 대리석 조각과 같이 **입자**이지만
또한 광선처럼 **파동**이기도 하다.
입자로서의 전자는 일정한 **질량**,
전하와 **스핀**을 가지지만,
파동으로서 전자는 **파장**도 가진다.
전자는 어떻게 보면 퍼져 있어서
언제나 정확한 위치를 확실히 알 수 없다.
이게 말이 되냐?
우리 생각에도 말이 안 되지.

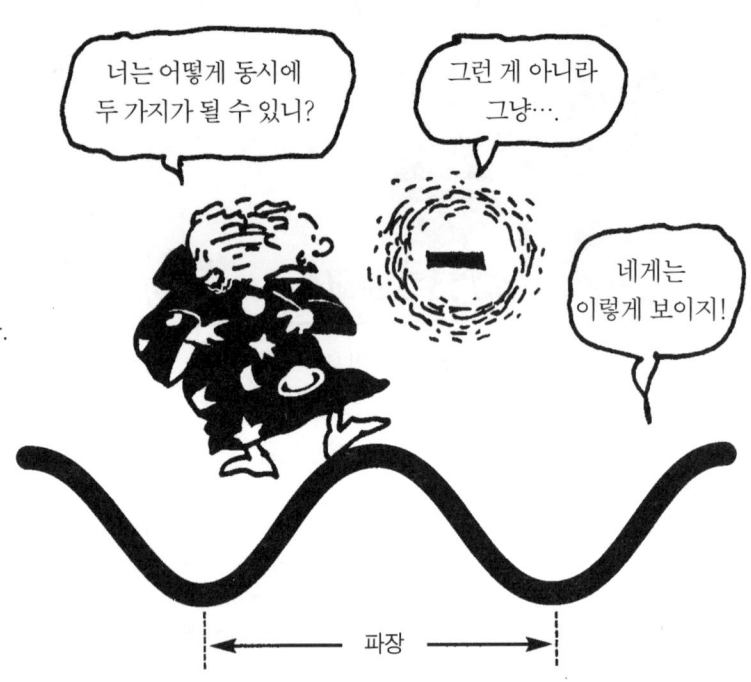

전자가 입자로 행세할 때는 원형 궤도가 **아니고**, '확률 구름' 비슷하게 존재한다.
전자는 어느 한 장소에 정확히 있을 수는 없지만, 그것이 어디에 있다고 말하려면
구름이 밀집한 곳에 있을 가능성이 가장 높다고 말할 수 있다.
그런데 이 구름들이 항상 둥근 모양을 가지는 것은 아니다.

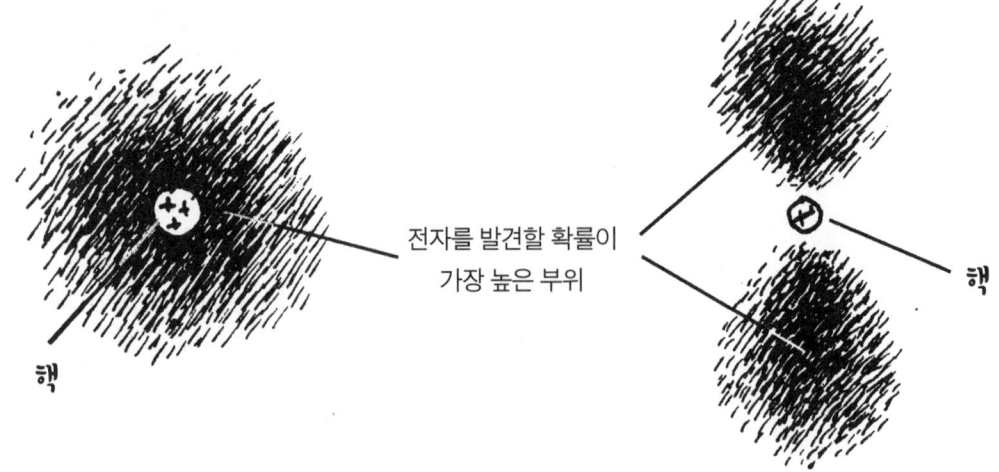

우리는 또한 전자를 원자핵 주위를 감싸는 파동으로 그려볼 수 있다.
양자역학에 따르면 이 그림에서처럼 전자가 항상 '정상파(standing wave)'이다.
이것은 전자가 핵 주위를 **파장의 정수배**로 돌고 있다는 뜻이다.
1, 2, 3, 4 등 그러나 분수의 값은 안 된다.

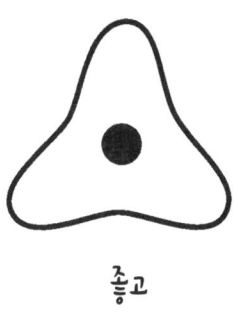
좋고

좋고

안 돼!

다시 말하면 단지 어떤 불연속적 '궤도'만이 원자 안의 전자에게 허용된다는 말이다.

이것을 좀더 친숙한 별 주위에 궤도를 그리며 도는 행성의 시스템과 대비해보자.

무엇이 행성에 에너지를 가해 살짝 밀어준다고 상상해보라.

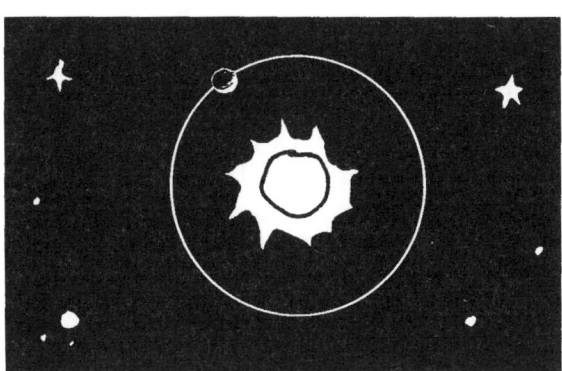

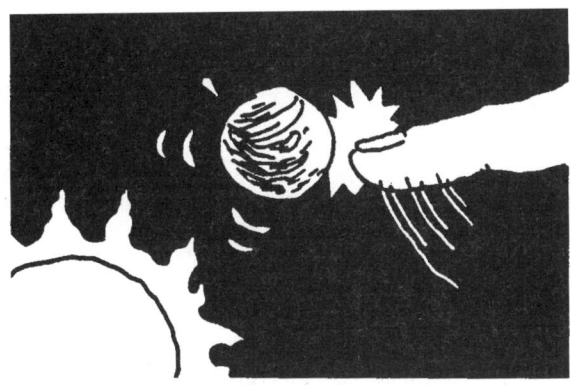

이 과잉의 에너지가 행성을 별에서 조금 더 먼 궤도로 밀어 올린다.

실제로 이 미는 힘이 충분히 크다면 행성은 별의 중력장을 완전히 벗어날 것이다.

궤도를 도는 전자도 이와 비슷하다. 예를 들어 전자는 빛의 형태로 주어지는 에너지 충격을 흡수할 수 있다.

그러나 전자는 파장의 정수배와 일치하는 궤도로만 올라가야 한다.

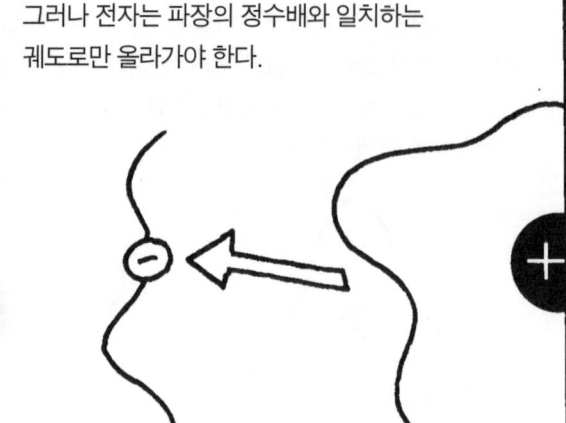

이것은 전자가 **특정한 양의 에너지**만 흡수할 수 있다는 것을 뜻한다. 전자를 비어 있는 높은 에너지의 궤도로 올리기에 꼭 필요한 양만큼이다. 행성은 연속적인 양의 에너지를 흡수하여 어느 거리에 있는 궤도로도 갈 수 있지만 이와 달리 전자의 에너지는 특정한 값에 제한되어 있다.

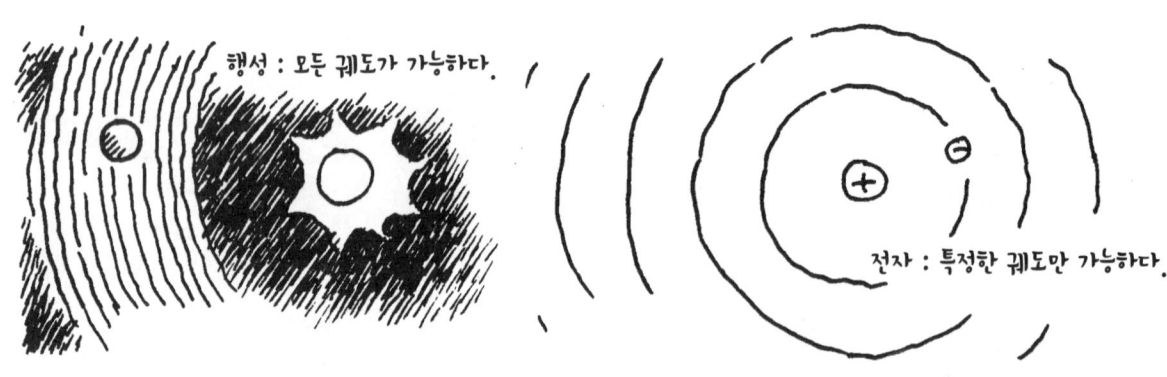

행성 : 모든 궤도가 가능하다.

전자 : 특정한 궤도만 가능하다.

우리는 전자의 에너지가 **양자화**되었다고 말한다. 어떤 원자에서건 전자들은 어떤 특정한 불연속의 에너지 준위만 취할 수 있다.

각 에너지 준위 내의 전자 배열을 **오비탈**(orbital)이라고 부른다(틀림없이 행성을 꿈꾸던 물리학자들이 과거에 대한 향수 때문에 붙은 이름일 것이다).

내겐 에너지 준위가 하나뿐이야….

뭐라고 부를까…
오버토이드(orbitoids)?
오비스켓(orbiscuits)?
오비츄어리(orbituaries)?

나는 돌고 또 돌지롱!

가장 단순한 예는 **수소**이다.
단 1개의 양성자가 전자 하나를 끌어당기고 있다.
전자는 오른쪽에 원형의 궤도로 그려져 있는
7개의 다른 에너지 준위 또는 껍질 중
어떤 것에도 존재할 수 있다.

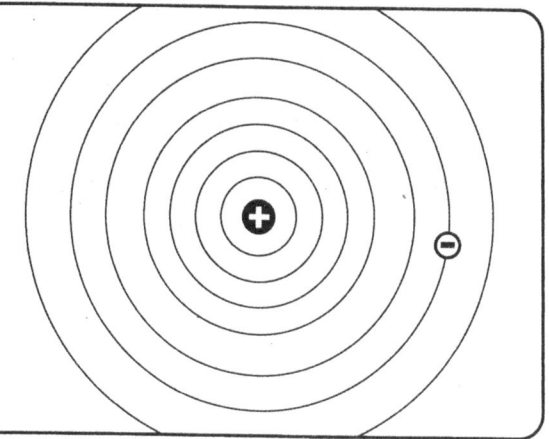

아래의 그래프는 각 껍질에서 전자가 가지는 에너지를 보여준다.

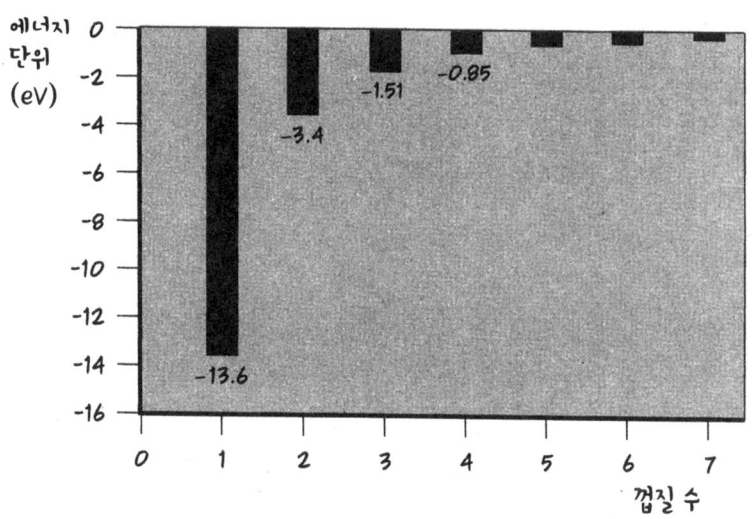

여기서 에너지 단위는 **전자볼트**
(electron volt, eV)이다.
1eV는 1볼트로 밀었을 때 하나의
전자가 얻는 에너지를 말한다.*

* 원자 안에 있는 전자의 에너지는
마이너스 값을 가지는데 그 이유는 전자를
잡아당겨 핵과 떨어지게 하기 위해서
에너지를 가해주어야 하기 때문이다.
핵에서 무한히 떨어진 자유로운 상태에서의
전자에너지는 0이다.

전자를 껍질1에서 껍질2로 올리기 위해서는
그 차이에 해당하는 에너지가 요구된다.
$(-3.4) - (-13.6) = 13.6 - 3.4 =$ **10.2eV**

전자를 완전히 제거하여 수소이온을 만드는 데
13.6eV가 필요하다. 이것을 원자의
이온화에너지라고 한다.

헬륨, 리튬, 주석과 같이 수소보다 큰 원자들도 최대 7개까지 전자껍질을 가진다.* 이들 원자에서는 낮은 껍질들보다 높은 껍질들에 더 많은 전자를 채울 수 있다.

높은 껍질에 있는 전자들은 또한 낮은 껍질에 있는 전자들보다 더 복잡한 배열 또는 **오비탈**을 가질 수 있다. 이들 오비탈은 에너지 부준위라고 볼 수 있다. 이들 다른 에너지 부준위들은 s, p, d, f라 불리며 **각각 2개까지 전자**를 가질 수 있다.

첫 번째 껍질에는 공 모양의 s오비탈만 있다. 그것은 1개 또는 2개의 전자를 가질 수 있다.

두 번째 껍질에는 1개의 s오비탈과 3개의 p오비탈이 있는데 p오비탈은 아령 모양으로 생겼다. 꽉 찼을 때 두 번째 껍질은 8개의 전자를 가질 수 있다.

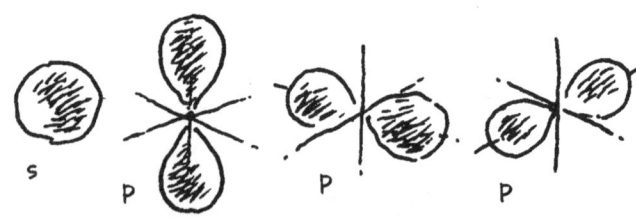

세 번째 껍질은 1개의 s와 3개의 p 그리고 5개의 d오비탈을 가진다. (그것들을 다 그려볼 생각일랑 하지 마라!) 가득 찼을 때 세 번째 껍질은 18개의 전자(2×(1+3+5))를 가질 수 있다.

네 번째 이상의 껍질들은 그 모든 것과 7개의 f오비탈, 최대 32개의 전자를 가진다.

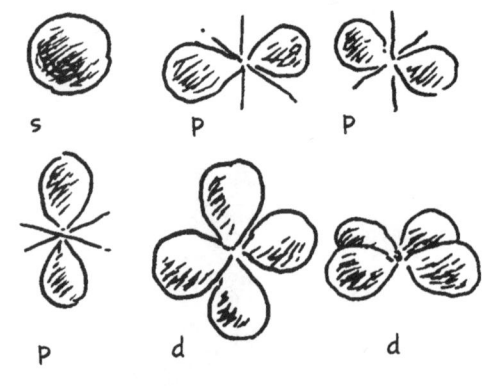
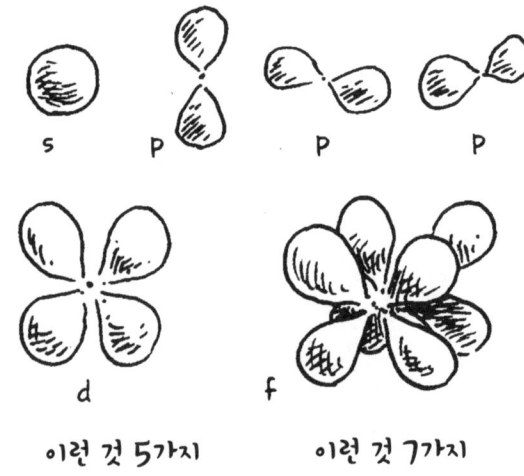

* 옮긴이 주 : 엄밀히 말하면 얼마든지 더 있지만 보통 7개까지 채워진다는 뜻.

다음 그림은 각기 다른 오비탈들의
에너지 준위를 보여준다.
그림의 윗쪽에 있을수록
에너지가 더 높다.

각 껍질들의 에너지가
겹치는 것에 유의하라.
예를 들어 네 번째 껍질이
다섯 번째 껍질보다 에너지가 낮지만
네 번째 껍질의 어떤 오비탈(4d, 4f)은
다섯 번째 껍질의 일부 오비탈(5s)보다
높은 에너지를 가진다.

2s는 두 번째 껍질의 s오비탈을 가리키며
4d는 네 번째 껍질의 d오비탈이다.
각 화살표는 하나의 오비탈에서
그다음으로 에너지가 높은
오비탈 방향으로 그려져 있다.

원자를 쌓아나감에 따라 각 전자는
이용 가능한 에너지 준위 중에서
가장 낮은 상태로 들어가려고 한다.
그리고 그것이 다 채워지면
그다음 낮은 상태로 가게 된다.

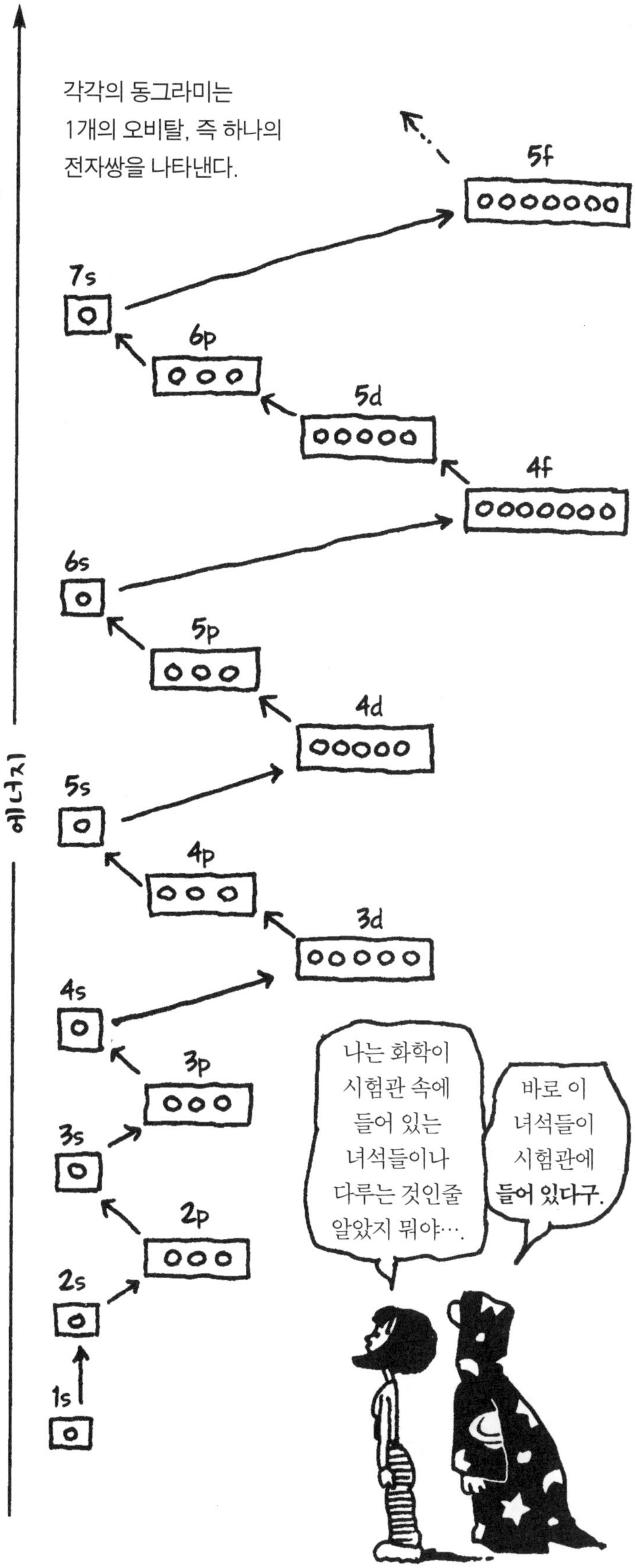

자, 이제 원자를 조립해보자.

1. 수소(H)는 1개의 전자를 가지고 있다. 그것은 첫 번째 껍질의 s오비탈에 자리잡을 것이다. 이것을 $1s^1$이라 적는다.

$1s^1$

2. 헬륨(He)은 s궤도에 두 번째의 전자를 더한다. 이제 첫 번째 껍질이 완전히 찼고 이 상태를 $1s^2$라고 적는다.

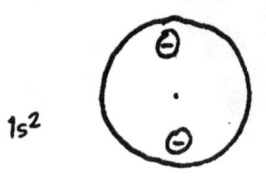

$1s^2$

1개의 오비탈당 2개의 전자를 기억할 것!

3. 리튬(Li)은 세 번째 전자를 새로운 두 번째 껍질에 넣어야 한다.

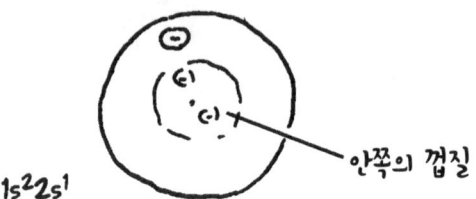

$1s^2 2s^1$ ← 안쪽의 껍질

4. 베릴륨(Be)은 2s궤도를 완전히 채운다.

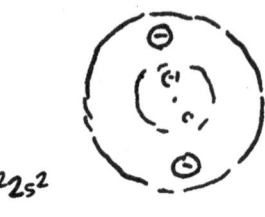

$1s^2 2s^2$

여기서부터는 안쪽의 껍질을 그림에서 생략하기로 한다.

5. 보론(B)은 2p오비탈에 전자 1개를 더한다.

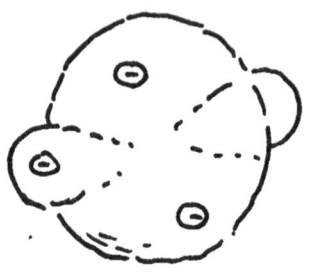

$1s^2 2s^2 2p^1$

6. 탄소(C)는 두 번째 p오비탈에 전자 1개를 더한다.

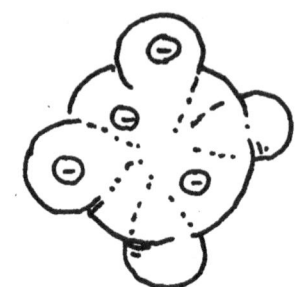

$1s^2 2s^2 2p^2$

7. 질소(N)는 세 번째 p오비탈에 전자 1개를 더한다.

$1s^2 2s^2 2p^3$

8. 산소(O)

$1s^2 2s^2 2p^4$

9. 플루오린(F)

$1s^2 2s^2 2p^5$

10. 네온(Ne)은 두 번째 껍질을 완성한다.

$1s^2 2s^2 2p^6$

열한 번째 원소가 어떻게 되는지 알아보기 위해서는 39쪽에 있는 도표를 보아야 한다.
2p가 다 채워진 후에 이용 가능한 가장 낮은 에너지의 준위는 세 번째 껍질에 있는 3s이고 그다음이 3p이다. 그래서 11번 이후는 다음과 같다.

11. 나트륨(소듐, Na)은 Ne3s^{1}로 쓸 수 있는데 이는 네온과 똑같은 전자 배열을 가지는 그룹 바깥의 s오비탈에 전자 1개가 있음을 의미한다.

12. 마그네슘(Mg)은 같은 이유에서 Ne3s^{2}로 표현한다.

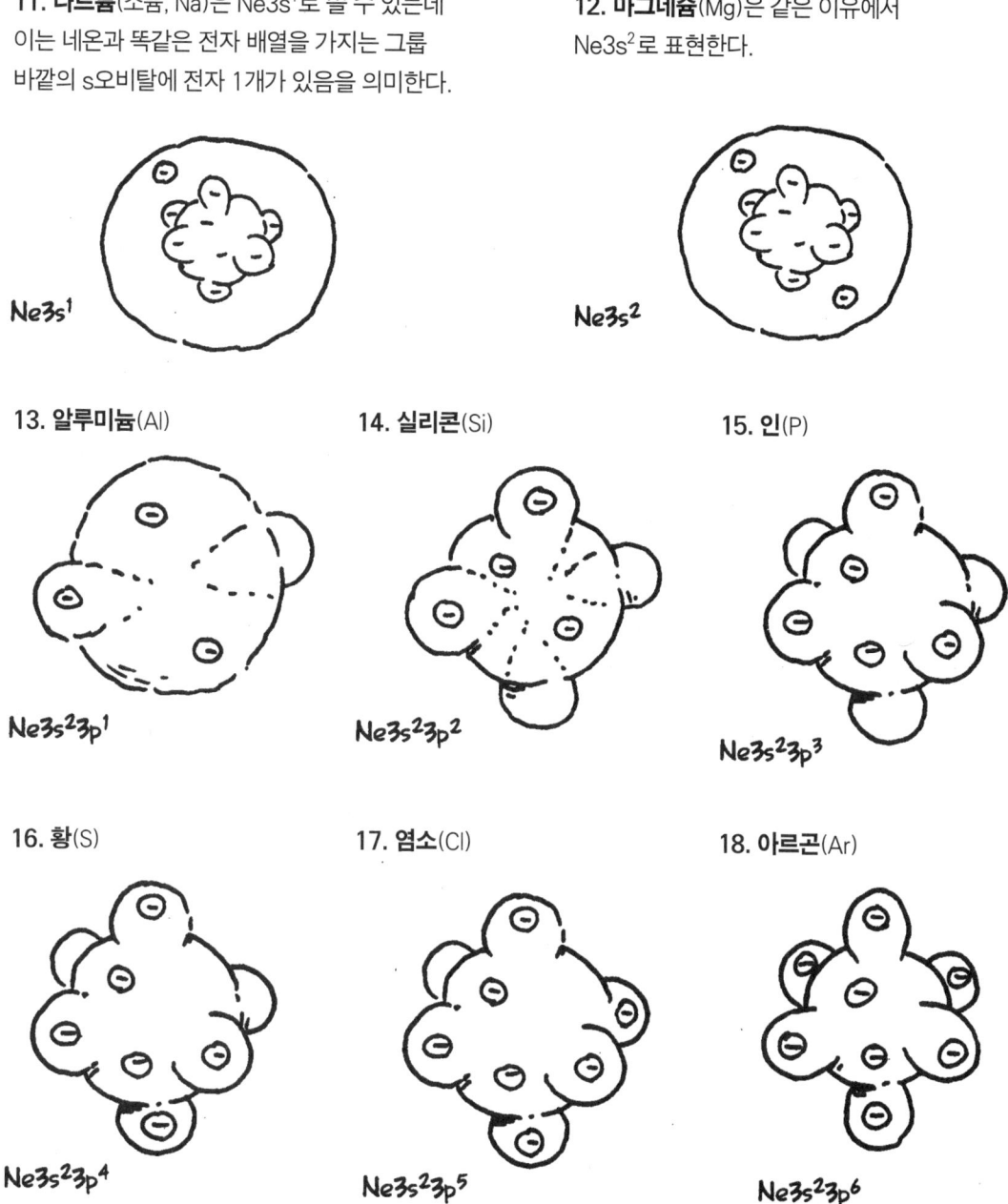

13. 알루미늄(Al) — Ne3s^{2}3p^1
14. 실리콘(Si) — Ne3s^{2}3p^2
15. 인(P) — Ne3s^{2}3p^3
16. 황(S) — Ne3s^{2}3p^4
17. 염소(Cl) — Ne3s^{2}3p^5
18. 아르곤(Ar) — Ne3s^{2}3p^6

이들 원자들을 40쪽의 원자들과 비교하면 원소 11~18은 원소 3~10의 큰언니뻘인 것을 알 수 있다.
위의 원자들은 각각 원자번호가 8이 적은 원소의 원자들과 똑같은 **바깥껍질**(최외각)을 가지기 때문이다!

처음 8개의 원소를 도표로 나타내자면 다음과 같다.
같은 열에 있는 원소들의 경우 모든 원자들의 바깥껍질 전자 배열이 똑같다.

1 H							2 He
3 Li	4 Be	5 B	6 C	7 N	8 O	9 F	10 Ne
11 Na	12 Mg	13 Al	14 Si	15 P	16 S	17 Cl	18 Ar

헬륨은 예외인데 이것은
바깥껍질이 꽉 찼기 때문에
맨 마지막 세로줄에 들어가 있다.

39쪽의 그림을 따르면 그다음에 주기율표의 네 번째 행의 원소부터 4s오비탈이 채워지게 된다.
그다음으로는 전자들이 3d오비탈을 차지하기 시작한다. 네 번째 껍질의 p오비탈로 들어가기 전에
10개의 전자가 **안쪽**의 3d오비탈을 먼저 채우는 것이다. 우리가 네 번째 껍질을 채우는 일을
잠시 멈추게 되었으므로 이들 10개의 원소들은 루프로 끼워넣는다.

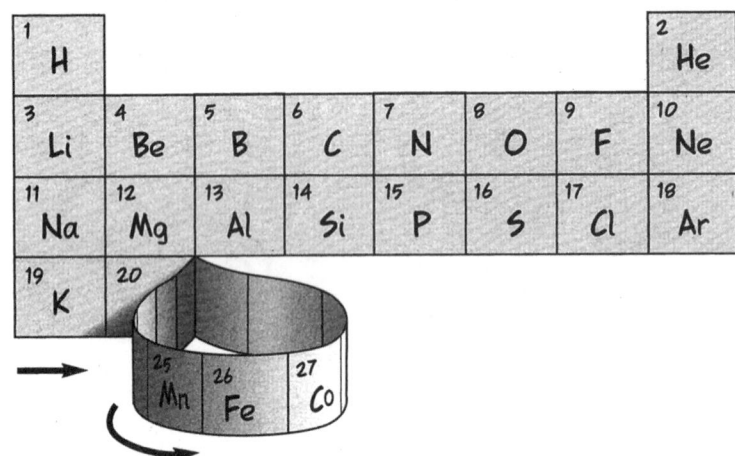

중요 : 8개의 열,
8개의 바깥껍질 전자!

10개의 전자 이후 다시 네 번째 껍질에 전자를 넣을 수 있는데,
4s와 4p오비탈이 다 채워지면 36번째인 크립톤(Kr)이 된다.

루프를 제외하고
같은 열에서는
바깥껍질이 같게 보인다.

다섯 번째 행은 네 번째 가로줄과 똑같은 방법으로 채워진다.
처음에는 바깥쪽의 s, 그다음이 안쪽의 d 그리고 바깥쪽의 p.

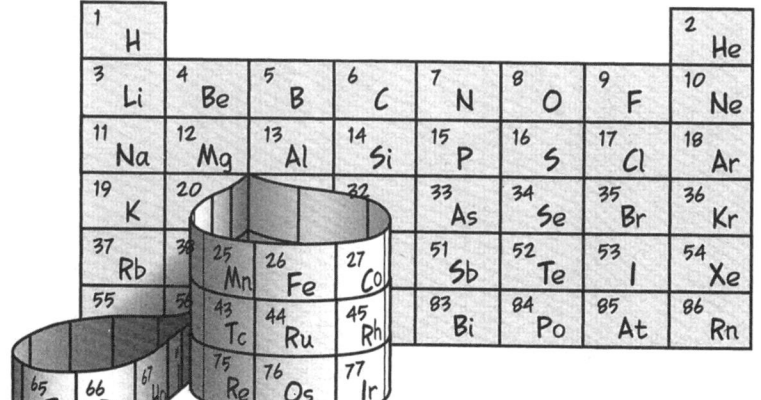

표의 편평한 부분에 있는 원소들을 **주족원소**라고 부른다.
루프에 위치하는 원소들은 **전이금속**이라고 한다.

여섯 번째 행에는 루프 안의 루프가 있는데 이것은 5d보다 먼저 4f오비탈이 채워지기 때문이다(39쪽 참조).
4f오비탈은 7개가 있으므로 이 루프에는 14개의 원소들이 존재한다.
이 시리즈의 첫 원소가 란타넘이므로 이것을 **란타넘 계열**이라고 한다.

일곱 번째 열은 원소가 부족하여 다 채우지 못하고 끝난다.

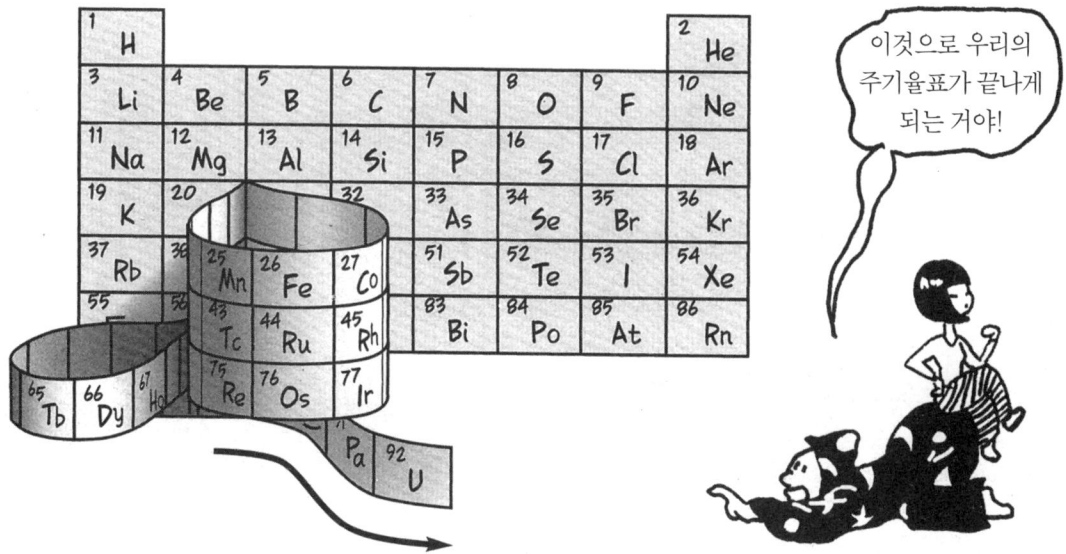

이것으로 우리의 주기율표가 끝나게 되는 거야!

이 페이지를 옆으로 돌리면 주기율표가 보통 표시되는 대로 나타나 있다.
d-루프를 편평하게 만들어 모든 원소들이 보이게 하였고 57 란타넘 후에 오는
f-루프의 14개 원소들은 주기율표의 주그룹과 따로 아래에 있으며
주기율표의 꼬리인 악티늄 계열은 바닥에 있다.

하나하나의 박스는 원자번호, 원소기호, 원자량을 보여준다.
원자량은 여러 가지 동위원소의 평균값이기 때문에 정수가 아니다.

1 H 1.01																	2 He 4.00
3 Li 6.94	4 Be 9.01											5 B 10.81	6 C 12.01	7 N 14.01	8 O 16.00	9 F 19.00	10 Ne 20.18
11 Na 22.99	12 Mg 24.31											13 Al 26.98	14 Si 28.09	15 P 30.97	16 S 32.07	17 Cl 35.45	18 Ar 39.95
19 K 39.10	20 Ca 40.08	21 Sc 44.96	22 Ti 47.88	23 V 50.94	24 Cr 52.00	25 Mn 54.94	26 Fe 55.85	27 Co 58.93	28 Ni 58.69	29 Cu 63.55	30 Zn 65.39	31 Ga 69.72	32 Ge 72.59	33 As 74.92	34 Se 78.96	35 Br 79.90	36 Kr 83.80
37 Rb 85.47	38 Sr 87.62	39 Y 88.91	40 Zr 91.22	41 Nb 92.91	42 Mo 95.94	43 Tc (98)	44 Ru 101.1	45 Rh 102.9	46 Pd 106.4	47 Ag 107.9	48 Cd 112.4	49 In 114.8	50 Sn 118.7	51 Sb 121.8	52 Te 127.6	53 I 126.9	54 Xe 131.3
55 Cs 132.9	56 Ba 137.3	57 La* 138.9	72 Hf 178.5	73 Ta 180.9	74 W 183.9	75 Re 186.2	76 Os 190.2	77 Ir 190.2	78 Pt 195.1	79 Au 197.0	80 Hg 200.5	81 Tl 204.4	82 Pb 207.2	83 Bi 209.0	84 Po (209)	85 At (210)	86 Rn (222)
87 Fr (223)	88 Ra (226)	89 Ac** (227)															

58 *Ce 140.1	59 Pr 140.9	60 Nd 144.2	61 Pm (145)	62 Sm 150.4	63 Eu 152.0	64 Gd 157.3	65 Tb 158.9	66 Dy 162.5	67 Ho 164.9	68 Er 167.3	69 Tm 168.9	70 Yb 173.0	71 Lu 175.0
90 **Th 232.0	91 Pa (231)	92 U (238)											

※ 대단히 풍부한 정보를 포함하는 주기율표와 각각의 원소에 대한 자세한 특성을 보려면
http://pearl1.lanl.gov/periodic/default.htm. 를 참조하시오.
www.colorado.edu/physics/2000/applets/a3.html에서는 각 원자에 대해 모든 전자의 에너지를 찾아볼 수 있다.

주기율표에서 정말로 무엇이 주기적인가?
열에서 어떤 성질이 반복적으로 나타나는가? 행에서는 어떤 경향을 볼 수 있는가?

최외각전자 The Outermost Electrons

주족원소의 행을 따라
왼쪽에서 오른쪽으로 가면
최외각전자의 수가 계속적으로 증가한다.
1족의 원소들은 모두 1개의 최외각전자를
가지고 2족의 원소들은 2개를 가지는 등
마지막 족에서는 모든 원소들이 8개 가진다.
전이금속들은 1개 또는 2개의
최외각전자를 가진다.*

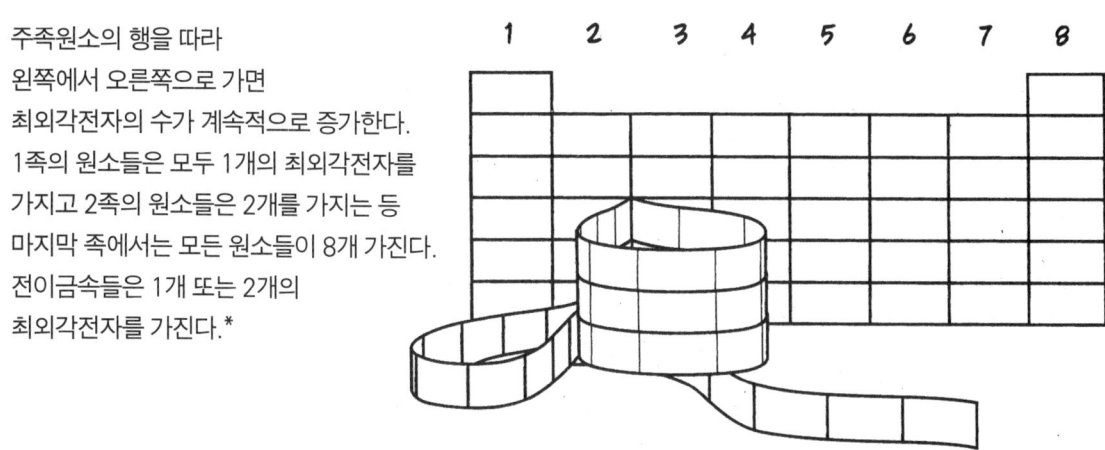

원자가전자(valence electrons)라고도 불리는 이들 바깥껍질의 전자들은 대부분의 화학반응을 설명해준다.

원자의 크기 Atomic Size

한 행의 왼쪽에서 오른쪽으로
움직이면 원자는 작아지고
열을 따라 아래로 가면 원자는 더 커진다.

이유 : 오른쪽으로 갈수록
원자핵의 전하가 커지므로
전자들을 더 가까이 끌어당긴다.
열을 따라 내려가면 최외각전자는
보다 높은 껍질에 들어가고
원자핵에서 더 멀어진다.

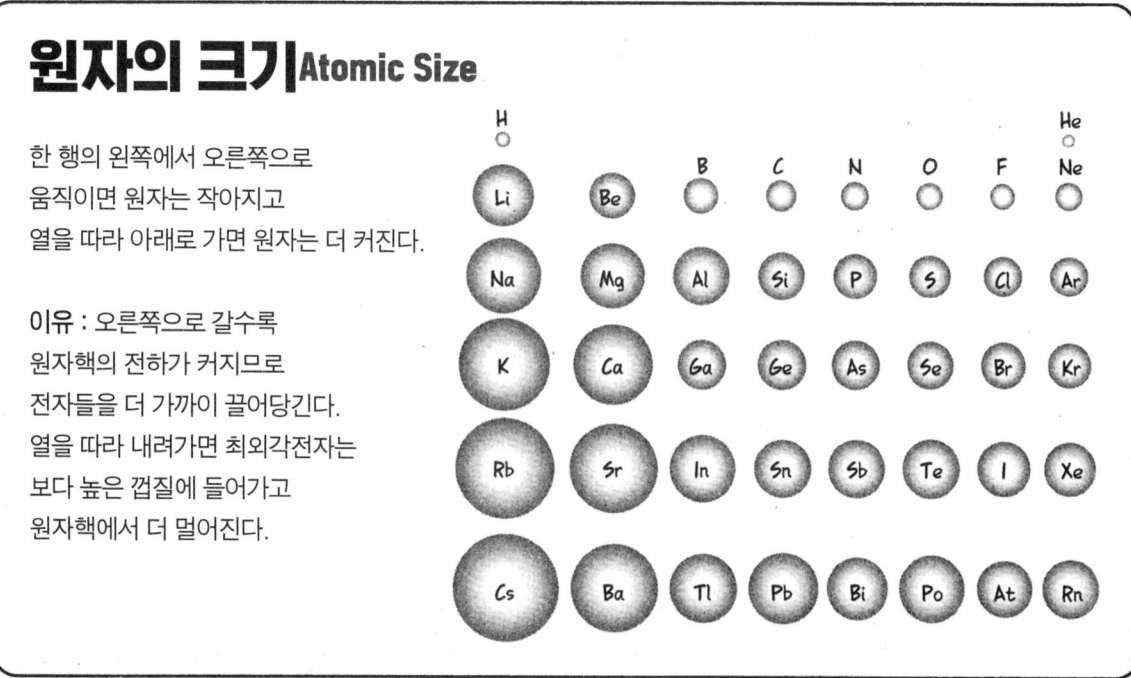

* 전이금속의 안쪽 전자들은 때로 바깥껍질의 전자들처럼 행동하기에 충분한 에너지를 가지기도 한다.

이온화에너지 Ionization Energy

원자의 **이온화에너지**는 최외각전자 1개를 제거하는 데 필요한 에너지인데 원자의 크기에 따라 다르다.

예를 들면 1족의 원소들은 원자핵에서 멀리 떨어져 있는 단 1개의 최외각전자를 가진다. 이들은 잡아 떼내기 쉬울 것이다. 이런 원소들은 낮은 이온화에너지를 갖는다.

그래서 **알칼리 금속**이라 불리는 리튬, 나트륨, 칼륨, 루비듐과 세슘 등 1족의 원소들은 전자를 쉽게 내어준다.

사실 이들은 반응성이 너무 커서 자연에서 순수한 상태로 있지 않고 항상 다른 원소들과 결합한 상태로 존재한다.

행을 따라 오른쪽으로 가면 원자핵이 전자들을 더욱 세게 붙들고 전자들은 핵에 더 가까이 있게 되므로 이온화에너지는 마지막 열에서 최대가 된다.

다음 행이 시작되면 전자는 새로운 바깥껍질에 들어가게 되고 이온화에너지는 다시 낮아진다. 아래의 그래프는 이온화에너지의 주기적 성질을 보여준다.

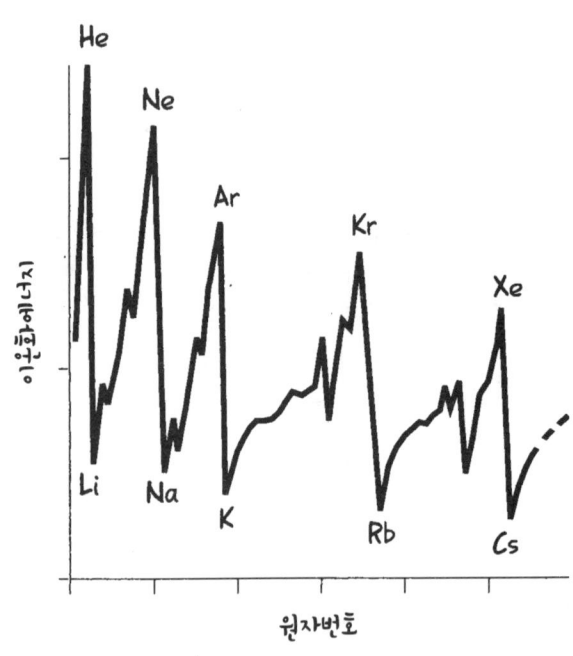

전자친화도 Electron Affinity

이 성질은 이온화에너지와 반대되는 것인데 원자가 1개의 전자를 받아들여 음이온이 되는 경향을 나타낸다.

돌아다니는 전자들은 원자핵의 당기는 힘을 느끼고 채워지지 않은 바깥쪽 오비탈이 있으면 원자에 달라붙을 수 있다.

이유 : 주기율표의 오른쪽에 가까운 원자들은 높은 전자친화도를 가진다. 작은 직경(전자들이 핵에 가까이 다가갈 수 있다), 원자핵으로부터 강하게 당기는 힘, 비어 있는 1개 또는 2개의 오비탈.

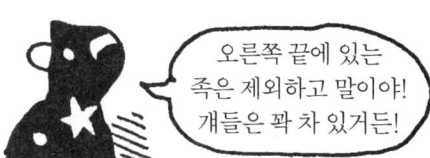

끝에서 두 번째에 있는 족은 특히 전자가 아쉽다. 이들 원소들, **할로젠**은 직경이 작고 p오비탈에 빈 자리 하나가 있다. 짐작했겠지만 할로젠은 전자를 쉽게 내어주는 1족의 알칼리 금속들과 결합한다. 식탁용 소금(NaCl)은 알칼리-할로젠 화합물의 중요한 예이다.

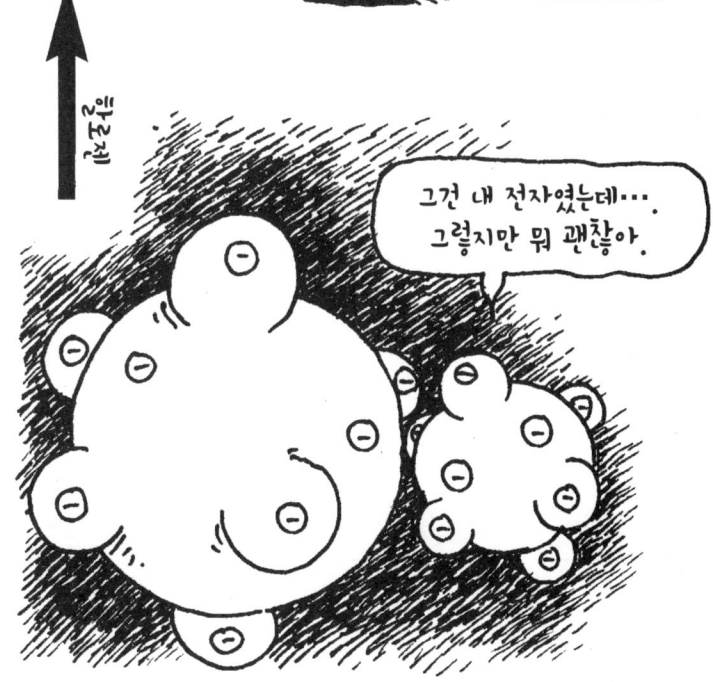

주기율표는 대충 계단식 경계를 중심으로 금속과 비금속으로 나뉘는데 경계의 울타리 부분에 몇 개의 반금속이 양다리를 걸치고 있다. 루프에 속하는 모든 원소들 때문에 왼쪽에 있는 금속이 비금속보다 숫자가 훨씬 많다.

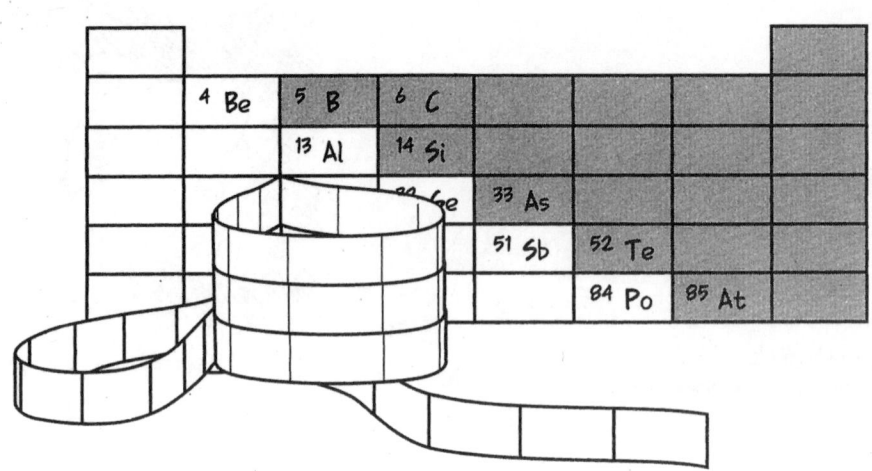

금속은 전자를 쉽게 포기하는 데 비해 비금속은 일반적으로 전자를 받아들이거나 또는 공유하기를 좋아한다. 금속은 자기들끼리 전자를 공유하여 빈틈없이 꽉 찬 밀도 높은 고체를 형성한다. 비금속은 대체로 느슨한 구조를 가진다.

금속의 성질 Properties of Metals

· 높은 밀도.
· 높은 녹는점과 끓는점.
· 좋은 전기전도도.
· 광택.
· 전성(모양을 바꾸기 쉽다).
· 연성(잡아 늘여가는 줄을 만들기 쉽다).
· 비금속에 대한 높은 반응성.

비금속의 성질 Properties of Nonmetals

· 실온에서 대체로 액체 또는 기체.
· 고체일 경우 부스러지기 쉽다.
· 광택 없는 흐릿한 색.
· 낮은 전기전도도.
· 금속에 대한 높은 반응성(마지막 족은 예외).

* 옮긴이 주 : 비활성기체.

주기율표의 마지막 열은 유별나다.
그곳의 거주자들은 오른쪽 끝에 살기 때문에
이온화에너지가 높아서 쉽게 양이온을 만들지 않는다.
그들은 또한 바깥쪽 오비탈이 가득 찼기 때문에
전자친화도가 낮아서 음이온도 만들지 않는다.

"헬륨을 제외한 모든 원소들이 8개의 최외각 전자를 가지지."

"걔들은 그냥… 거기 자리만 차지하지 뭐…"

사실 그들은 무엇 하고도 거의 반응하지 않는다.
그들은 그냥 혼자서 냉담하게 기체 상태로 떠돌아다니기 때문에
비활성기체(noble gas)로 알려져 있다.
네온에 대해서는 알고 있으리라 생각하지만 사실 가장 흔한 것은
아르곤(전체 대기의 1%)이다.
아르곤은 뜨거운 필라멘트와 반응하지 않기 때문에
보통 전구에 사용된다.

"나는 필요한 것도 없고 내줄 것도 없지요."

"네, 아르곤 공주님!"

실세계의 귀족(nobility)과 마찬가지로
비활성기체는 평범한 원소들의 부러움의 대상이다.
모두들 8개의 최외각전자라는
완성품을 원한다.

우린 이것을 **8의 규칙(옥텟규칙)**이라 한다. 원자는 적당한 숫자의 전자를 받아들이거나
내주어서 **최외각**에 8개의 전자를 가지려는 경향이 있다.

금속은 전자를
떼내버리려는
경향이 있고…

비금속은 전자를
받아들이려는
경향이 있다.

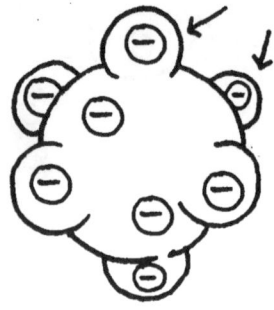

그래서 이것이 우리를 다음 장의
주제로 인도하는데….

다음 장으로 가기 전에 잠시 2장을 살펴보고 얼마나 놀라운 내용이었는지 음미해보기 바란다.
원자를 구성하는 몇 가지 입자의 별난 성질을 사용하여 과학은 원자를 묘사하고
주기율표와 원소의 많은 화학적 성질을 설명할 수 있었다.
원자론이 '**과학에서 단연 가장 중요한 개념**'으로 간주되는 것은 당연한 일이다.

Chapter 3
뭉치기

만일 세상에 원소와 원자밖에 없다면
화학은 꽤나 재미 없을 것이다.
원자는 비활성기체같이 혼자서 이리저리
돌아다닐 뿐 아무 일도 일어나지 않을 테니까.

그러나 실제로 화학은 미친 듯한 뭉치기이다. 대부분의 원자는 사교적인 꼬마녀석들이다.
이제부터 원자를 작은 가공의 꼬마녀석으로 그리고자 한다.

결합방법의 가능성은 수없이 많다. 금속이 금속과, 비금속이 비금속과 결합하며
또는 금속이 비금속과 결합하기도 한다. 원자들이 뭉쳐서 작은 알갱이를 만들기도 하고
때로는 끝없는 결정의 배열을 만들기도 한다. 그러니 화학이 매력적인 것은 당연한 일이다.

원자는 서로 전자를 주고받거나 또는 공유함으로 결합한다.
해당 원자가 무엇을 선호하느냐에 따라 둘 중 하나가 결정된다.
원자가 전자를 버리고 싶은가 아니면 뺏어오고 싶은가?
그걸 얼마나 간절히 원하는가?

우리가 본 바와 같이 금속은
전자를 내주려는 경향이 있는데
어떤 금속은 다른 금속에 비해
이게 더 심하다. 화학자는 금속이 다소간에
전기양성적이라고 표현한다.

비금속은 다소 **전기음성적**이다.
그것들은 추가 전자를 쉽게 받아들인다.
플루오린이나 산소와 같은 몇몇 비금속들은 전자를
강력히 붙들지만 탄소와 같은 것들은
받아들이기도 떠나보내기도 한다.

그들 사이에 있는 반금속은 양쪽 성향을 모두 가진다.

이온결합 Ionic Bonds

매우 전기양성적인 원자가 매우 전기음성적인 원자를 만나면 이온결합이 이루어진다. 전기양성적인 원자는 하나 이상의 전자를 쉽게 내어주고 양전하를 띠는 양이온이 된다. 전기음성적인 원자는 추가전자를 얻는 것을 아주 좋아하는데 그 바람에 음이온이 된다.

그러면 이 2가지 이온은 정전기적(electrostatic)으로 끌리게 된다.

사실상 그들은 서로 끌어당기는 것뿐 아니라 주위의 다른 전하를 가진 입자들을 모두 잡아당기게 된다.

서로에 대한 끌림 때문에 그들은 밀도가 높고 규칙적인 **이온결정**을 만들게 된다. 나트륨과 염소의 경우에 각 이온은 단 1개의 전하를 가지므로 단순한 정육면체 배열을 만들어 중성을 나타낸다.*

흠… 이거 뭐 너무한 것 아니야?

맞아…. 통 움직일 수가 없네.

* 단원자 음이온의 이름은 원소의 이름에 'ide'를 붙여 사용한다.
플루오린이온(fluoride), 산소이온(oxide) 등.

소금을 자세히 들여다보면 그 결정구조가 나트륨과 염소이온의 끝없는 배열에, 작은 정육면체인 것을 알 수 있다.

그 밖의 이온들은 다른 결정구조를 가질 수도 있다. 2개의 전자를 내어주는 칼슘이 단 1개만을 받아들이는 염소와 결합할 경우 중성이 되기 위해 칼슘이온 1개당 2개의 염소이온이 필요하다. 이온은 원소의 기호와 전하를 함께 사용하여 표시한다. 칼슘이온은 Ca^{2+}이고 염소이온은 Cl^-이다.

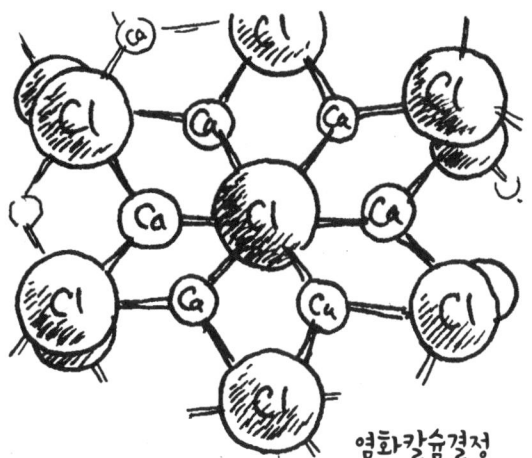

염화칼슘결정

이온결정의 공식은 가장 단순한 형태로 사용한다. 염화나트륨결정은 수조 개의 원자를 가질 수 있지만 우리는 그 **실험식**을 NaCl이라 표시한다. 이것은 결정에 1개의 염화이온당 1개의 나트륨이 있는 것을 나타낸다. 같은 방법으로 염화칼슘은 $CaCl_2$라고 표시한다.

때로는 이온결합한 원자들이 자연에서 결정을 이루지 않는 경우가 있다. 대신 그것들은 **분자**라는 작은 그룹 덩어리로 존재한다. 플루오린화보론(BF_3)은 이온 화합물인데 실온에서 기체 상태로 있다.

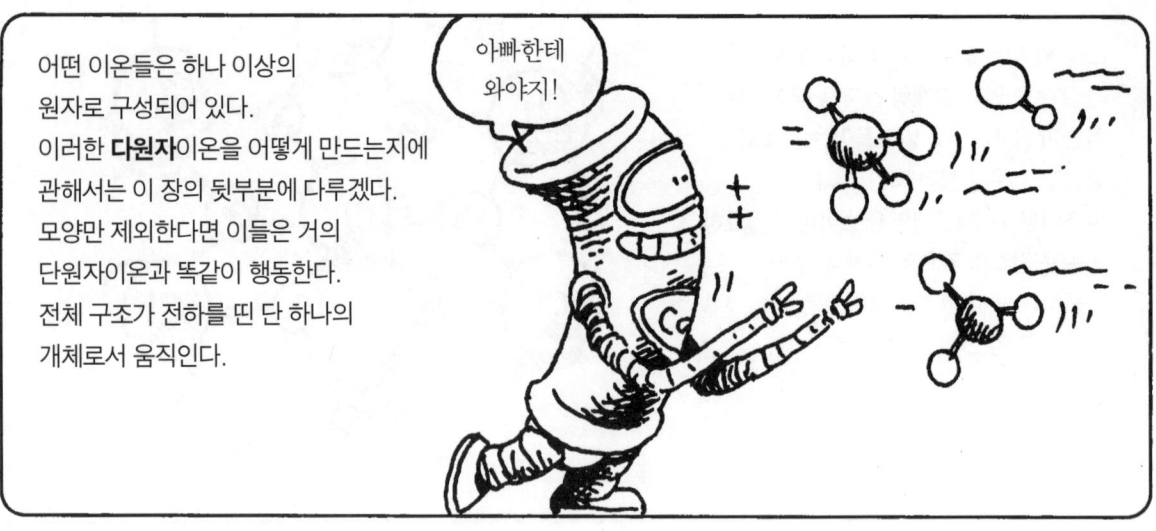

어떤 이온들은 하나 이상의 원자로 구성되어 있다. 이러한 **다원자**이온을 어떻게 만드는지에 관해서는 이 장의 뒷부분에 다루겠다. 모양만 제외한다면 이들은 거의 단원자이온과 똑같이 행동한다. 전체 구조가 전하를 띤 단 하나의 개체로서 움직인다.

대표적 예는 **황산이온**인데 이것은 칼슘과 결합하여 석고의 성분인 **황산칼슘**($CaSO_4$)을 만든다.

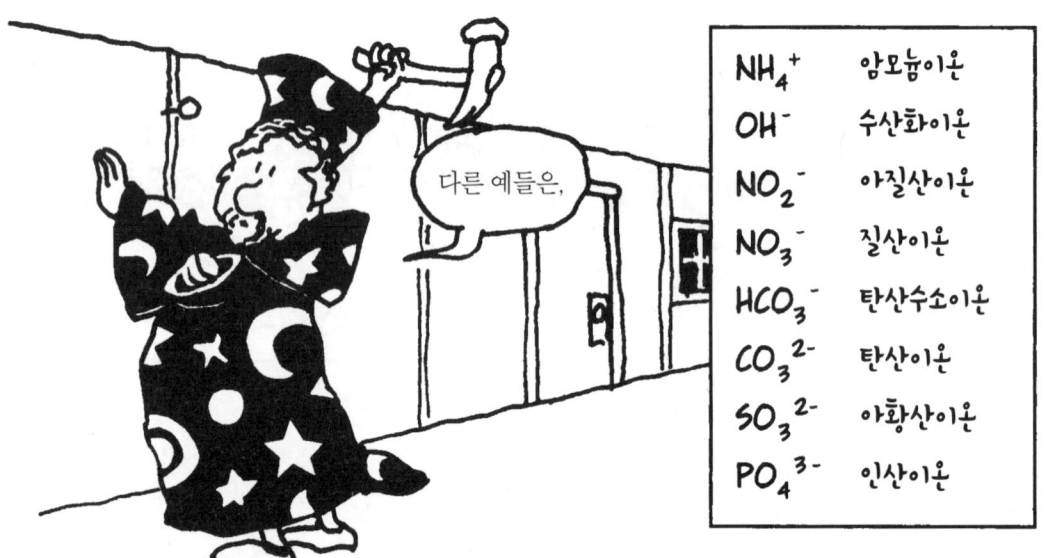

다른 예들은,

NH_4^+	암모늄이온
OH^-	수산화이온
NO_2^-	아질산이온
NO_3^-	질산이온
HCO_3^-	탄산수소이온
CO_3^{2-}	탄산이온
SO_3^{2-}	아황산이온
PO_4^{3-}	인산이온

각각의 다원자이온은 1개의 이온으로 생각해야 한다. 예를 들어 알루미늄이온과 수산화이온이 결합한 형태인 수산화알루미늄은 하나의 알루미늄이온당 3개의 수산화이온이 필요하다. 화학식은 $Al(OH)_3$이며 구조는 오른쪽 그림과 같다.

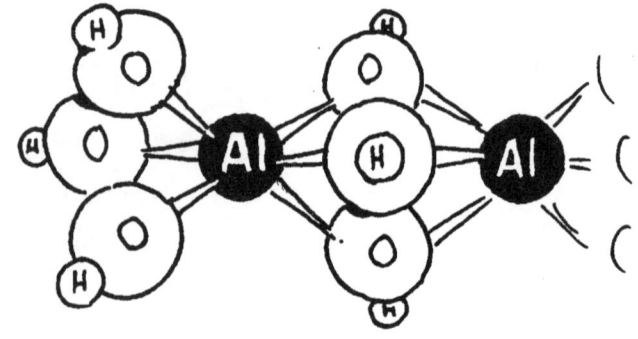

이온결합은 매우 강하다.
그것을 깨뜨리기 위해서는
많은 에너지가 필요하다.
이것이 왜 대부분의 이온결정이
아주 높은 녹는점을 가지는지
설명해준다. 이온들에 충격을
주어 끌어내 액체 상태로 휘젓고
다니게 하려면 어마어마한
열이 필요하다.

소금은 801°C에서 녹는다.

그런데도 소금결정을 망치로 때리면 부스러진다.
소금은 왜 그리 쉽게 부스러지나?

답 : 결정을 내려치면 아주 작은 틈새가 생겨 한 층이 다른 층과 조금 비껴가 이동한다.

나는 왜 망치로 소금을 쳐야 하는 건데?

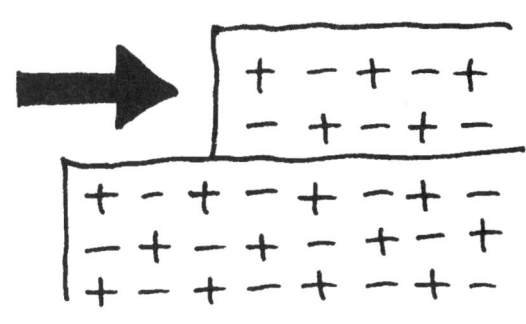

이렇게 살짝 비껴 움직이면 양성과 양성이 또는
음성과 음성이 마주치게 될 수 있다. 이제 두 덩어리가
서로를 반발하여 결정이 거의 튀다시피 떨어져 나간다.

그러나 모든 결정이 이런 것은 아니다.
예를 들어 금속결정은…

금속결합 Metallic Bonds

당신은 그렇게 생각하지 않을지 모르지만 순수한 금속들도 결정을 만든다.
그것들은 염화나트륨 같은 이온결정들처럼 투명하지도 않고 일반적으로 잘 부서지지도 않는다.

금속은 전자를 잘 포기한다.
많은 금속원자들이 모이면
'전자 바다'를 만들어
금속이온들을 감싼다.

전자가 사방에서 잡아당기다 보니 금속이온들은 움직이기 어려우며 빈틈없는 배열로 결정구조를 만든다.
몇 가지 다른 결정 배열이 가능한데 모두 밀도가 높다. 아래에 2가지 그림이 있다.

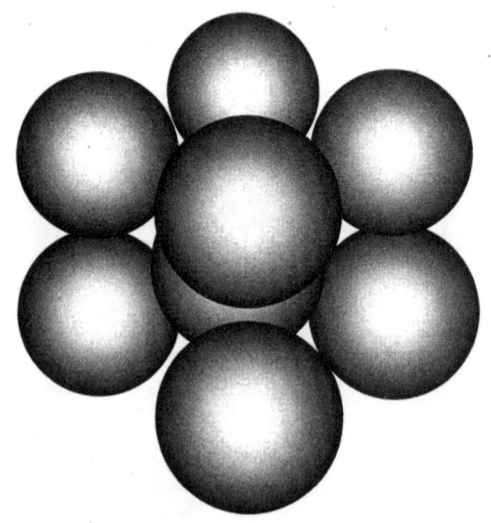

체심입방
각각의 원자가 8개의
다른 원자들로 둘러싸여 있다.

면심입방
각각의 원자가 12개의
다른 원자들로 둘러싸여 있다.

금속은 대체로 좋은 전기전도체이다. 가볍고 자유로운 전자들은 사방으로 쉽게 움직인다. 바깥에서 들어온 음전하는 '전자의 바다'를 압박하여 전류가 흐르게 한다.

어떤 결정이나 마찬가지로 금속도 망치로 두들기면 결정구조에 틈이 생겨 이동하게 된다.

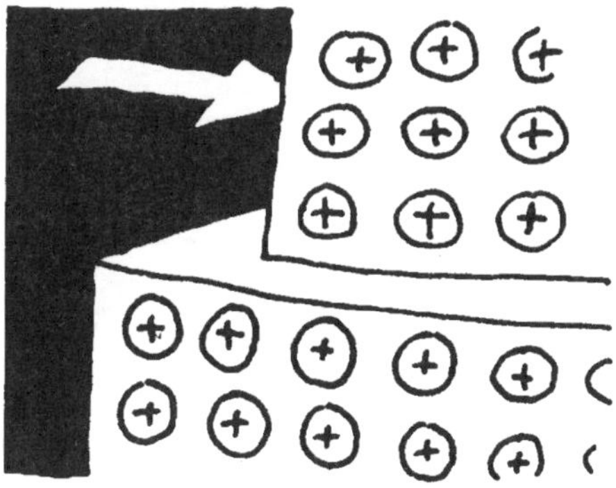

그러나 금속의 경우 이온결정과는 다른 것이 모든 원자들을 제 위치에 붙들어두는 음성의 전자 바다가 이온 반발력을 극복한다.

전자가 잔잔케 하는 효과가 있으리라고 누가 생각해봤을까?

그러므로 깨지는 대신 금속은 구부러지거나 늘어나게 된다.*

이건 마술 같은데!

* 유의 : 화학의 거의 모든 것에서와 마찬가지로 이에 대한 예외가 있다.

공유결합과 분자 Covalent Bonding and Molecules

나를 귀찮게 말아.

내게 줘, 내게 줘!

금속결합은 많은 전기양성적인 원자들이 모든 전자들을 함께 소유할 때 일어난다. 그것은 마치 공동 생활하는 세대와 같다.

전자들로부터 도망갈 수 없을 거야…

이온결합은 전가음성도가 높은 원자가 전기적으로 매우 양성적인 원자를 만날 때 형성된다. 전자는 이전되어 1개의 원자가 혼자 소유한다.

그리고 다른 것도 있다.
두 종류의 다른 전기음성적 원자들 사이의 결합…

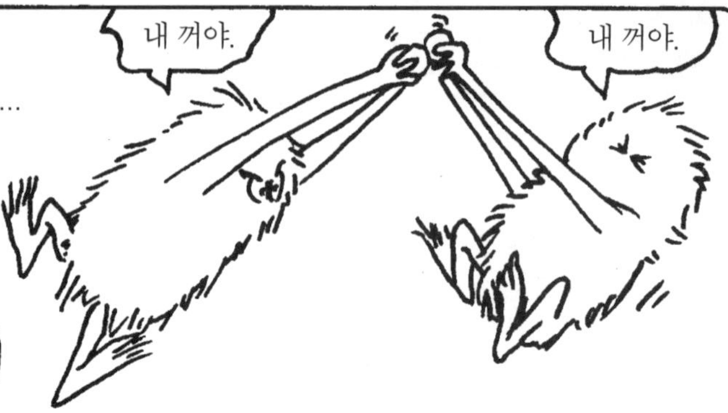

내 꺼야.

내 꺼야.

여기… 아니야… 음….

아니면 조금씩 전기음성적이거나 전기양성적인 원자들 사이의 결합.

하나는 전자를 머뭇거리며 내어주고 다른 것은 별로 기쁘지 않은 듯 받는 경우 그 결과는 결혼 비슷한 것 또는 공동 소유 같은 제도이다.

가능한 것 중 수소가 가장 단순한 예이다.
혼자 있는 수소원자는 짝짓지 않은 전자 하나를
가지는데 원자는 이것을 포기할 수도 있고
다른 전자와 함께 쌍을 만들 수도 있다.

 수소원자가 다른 수소원자를 만나면 그들의 전자들은 자연스레 하나의 공유된 궤도에 들어가 쌍을 만든다.

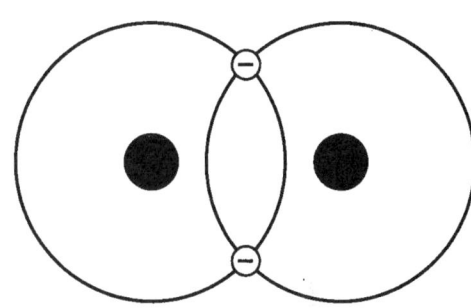

이 전자쌍은 양쪽의 원자핵을 모두 끌어당김으로 두 원자를 함께 붙들어준다.
이 결합은 두 원자들이 똑같이 기여하고 전자를 나누어 갖기 때문에 **공유결합**이라 한다.

각각의 수소원자는 자기가 꽉 찬
1s 최외각을 가졌다고 생각하므로,
그 결과로 생긴 수소분자 H_2는 안정하다.

다른 예: 산소는 플루오린 다음으로 전기음성도가 높은 원소인데 6개의 최외각전자를 가진다. 이것을 각각의 최외각전자를 점으로 표시하는 **루이스구조**(Lewis diagram)로 나타낼 수 있다.

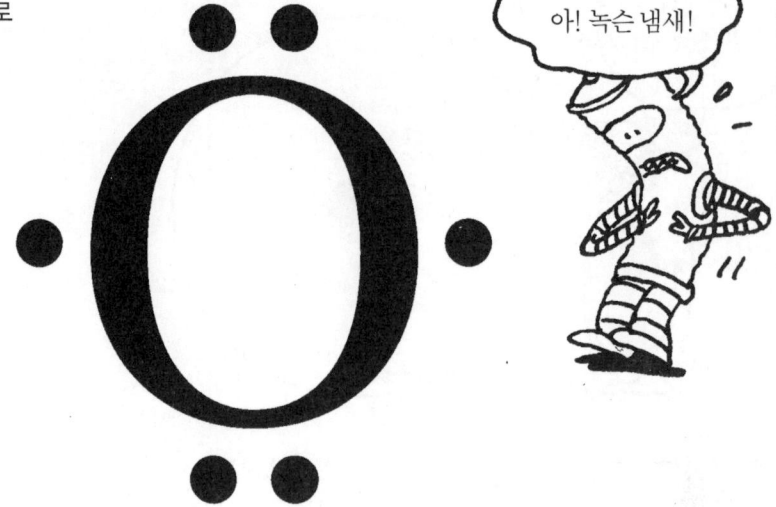

2개의 산소가 가까워지면 루이스구조에서 보는 바와 같이 4개의 전자를 나눔으로 공유결합을 한다.

여기서도 두 원자 모두 8개 전자로 가득 찬 최외각을 가진다. (전자를 세어보라!) 4개의 전자가 이런 방식으로 공유될 때 **이중결합**이라 하고 때로 O=O로 표시한다.

질소는 5개의 최외각전자를 가지며 삼중으로 공유결합하여 N2 또는 **N≡N**을 만든다.

:N:::N:

할로젠을 포함한 다른 많은 비금속들이 이렇게 이원자분자를 만든다.

:F:F: :Cl:Cl:

공유결합은 특정한 원자쌍 사이의 전자 공유를 수반한다. 그것은 마치 악수하는 것과 같다.

원자들은 단지 제한된 숫자의 손을 가지므로 공유 화합물은 일반적으로 **분자**나 작은 일정한 원자 그룹에서만 형성된다.

순수한 물질의 모든 분자는 같은 성분을 가진다. 분자에 있는 각 종류의 원자수에 따라 분자식을 적는다.

물(H_2O)

포도당

암모니아

가끔 우리는 공유결합으로 이루어진 결정을 볼 수 있다. 예를 들어 다이아몬드는 탄소원자들의 **네트워크**이다.

다이아몬드

근데 말이야. 양파(onion)가 **이온**의 한 종류인가요?

네 익살이 나를 울리누나….

분자의 모양 Molecular Shapes

여기까지 우리는 2개의 같은 원자들 사이에 생기는 공유결합만 생각해보았다. 이제는 서로 다른 원자들이 어떻게 전자를 공유하는지 알아보자.

이산화탄소(CO_2), 그 유명한 배기가스에서 탄소는 4개의 최외각전자를, 산소는 6개를 가진다. 즉

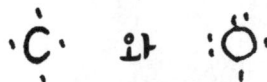

이들은 아래와 같이 결합한다.

CO_2는 2개의 이중결합을 가진다.

전자가 다 있는지, 모든 원자가 8개로 다 찼는지 확인해보렴!

CO_2 분자의 실제 모양은 어떤 것일까? 이 질문에 답하기 위해서는 다음과 같은 훌륭한 원리를 이용하라.

분자 내의 전자쌍은 서로에게서 가능한 한 멀리 떨어지려 한다.

탄소의 모든 최외각전자들이 이중결합을 형성하므로 결합은 서로에게서 반대 방향으로 향하게 될 것이다.

세 원자들이 직선상에 있게 된다.

삼산화황(SO_3)의 경우 황과 산소는 각각 6개의 최외각전자를 가진다.

3개의 산소가 황과 결합할 수 있다.

이중결합은 3개 산소 중 어느 것에 있어도 된다.

전자쌍들이 서로 피해야 한다는 원리를 이용하여 (이중결합은 같이 붙들려 있으므로 예외다) SO_3는 삼각형 모양이고 같은 평면에 놓인다고 결론지을 수 있다.

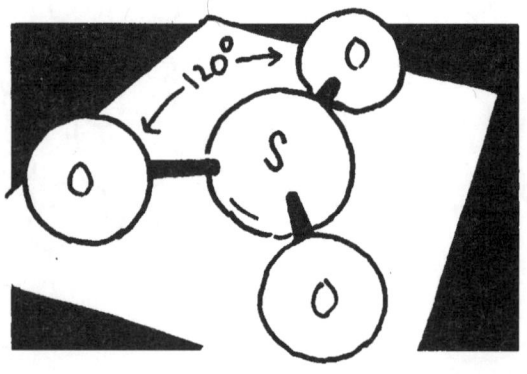

산업 용매인 **사염화탄소**(CCl_4)는

사이의 4개의 단일 결합으로 만들어진다.

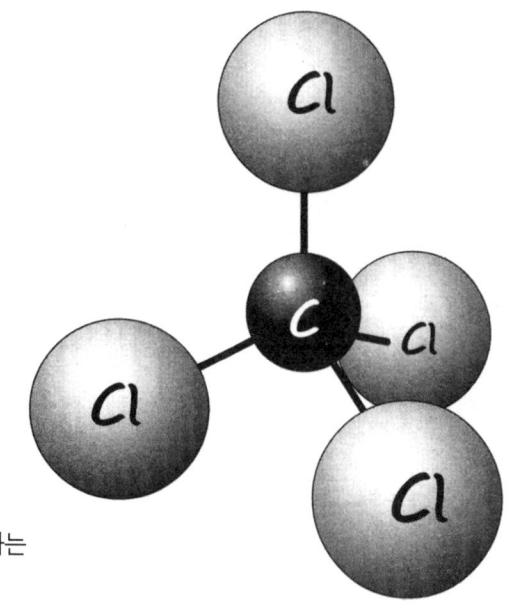

결합이 최대로 멀어지기 위해 이 분자는 바깥쪽 원자들이 삼각형 피라미드의 정점에 위치하는 정사면체 모양을 갖게 된다.

암모니아(NH_3). 삼각형 모양으로 생각할 수 있겠지만 루이스구조를 보면 생각이 달라진다. 네 번째의 전자쌍이 다른 것들을 배척하므로 3개의 정점에 수소가 있는 정사면체 모양을 갖는 것이다.

물(H_2O)도 비슷하다. 아무것과 결합하지 않은 2개의 전자쌍이 있다. 이것들도 고려해야 한다.

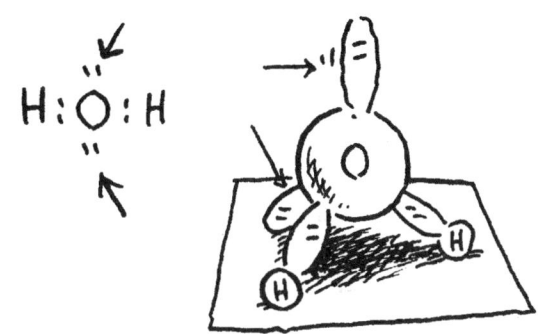

NH_3와 H_2O 같은 분자들은 **굽었다고** 한다.

이제까지 대부분의 보통 분자 모양을 다루었으나 황이 6개의 전자쌍을 가지는 SF_6와 같은 희귀종도 있다.

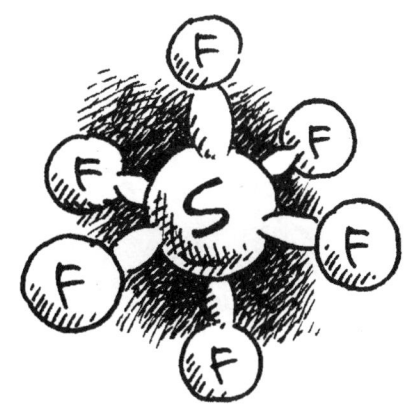

SF_6는 정팔면체이다.

모양과 오비탈 결합이론 (심화)
Shape and Orbital Bond Theory (advanced)

이전의 두 페이지에서 우리는 분자 내의 전자쌍은 서로에게서 멀리 떨어져 있으려 한다는 원리를 사용하였다. 우리는 이 사실을 전자 오비탈을 이용하여 설명할 수 있다.

H가 H와 결합할 때 2개의 s오비탈이 합하는데 이를 시그마(σ) 결합이라 한다.

F_2의 경우, p오비탈에 존재하는 2개의 전자는 파이(π) 결합에서 공유된다.

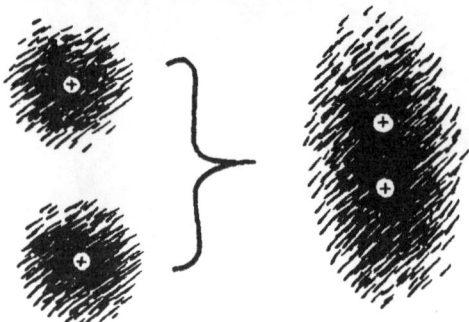
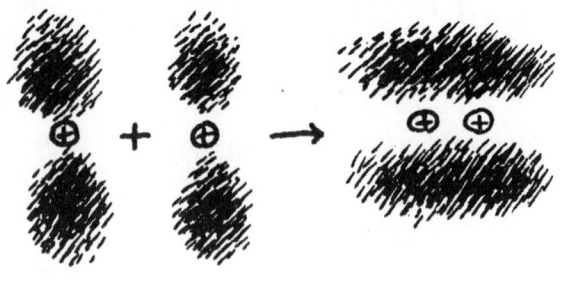

결합에 참여하지 않는 오비탈은 생략하였다.

그러나 일반적으로는 **혼성오비탈**(hybrid orbital)이라는 것을 얻게 된다. 예를 들면

$2s^2 2p^2$의 전자구조를 가진 탄소는 2개의 짝지어진 s전자와 2개의 짝짓지 않은 p전자를 가진다.

수소원자가 접근하면 수소원자핵이 탄소의 전자들을 잡아당겨 에너지를 높인다.

탄소의 s전자 1개가 p오비탈로 올라가면 이제 모든 전자가 쌍을 이루지 않은 상태에 있다.

쌍을 이루지 않은 오비탈은 혼성화하여 한쪽으로 치우친 모양이 된다. 이런 오비탈을 sp혼성오비탈이라 하며 그림과 같은 모양을 가진다.

4개의 sp혼성오비탈들은 아래와 같이 배열된다(여기에서 각각은 수소원자와 결합하고 있다).

혼성오비탈에 들어 있는 전자쌍끼리 서로 반발하여 CH_4분자는 정사면체 구조를 가지게 된다.
분자의 구조는 혼성오비탈들의 배열에 달려 있다.

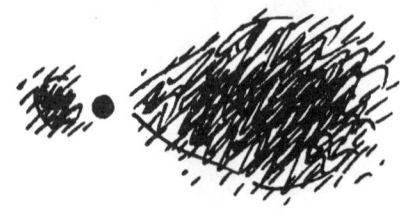

루이스구조와 전하를 띠는 분자
More on Lewis Diagrams and Charged Molecules

루이스구조에서 각각의 원자는 거의 항상 완전한 옥텟구조(옥텟규칙)를 가지게 된다. 이것을 이루는데 때로 한 가지 이상의 방법이 이용될 수 있다. 예를 들어 우리는 64에서 SO_3를 보았다. 그러나 SO_2 또한 존재하며 사실 황의 산화 중 더 흔한 것이다.

:Ö::S::Ö:
      ↑
      비공유 전자쌍

황의 비공유 전자쌍 때문에 분자는 굽어진다.

사실 이중결합은 어느 특정한 산소원자에 있다고 말할 수 없다. 동시에 양쪽 산소에 반반 정도 있다고 볼 수 있는데, 이런 이상한 현상을 양자역학적으로 **공명**이라고 한다.

$O=S-O \rightleftharpoons O-S=O$

황산이온(SO_4^-)의 루이스구조를 이중결합 없이 쓸 수 있다. 단지 모든 결합이 이루어지려면 2개의 전자가 더 필요하다. 그래서 황산이온은 -2의 전하를 가진, 공유결합으로 이루어진 다원자이온이다.

다원자이온에 관한 추가 설명 :

질산이온(NO_3^-)은 여분의 전자 1개와 3가지 다른 형태의 공명구조를 가진다.

$O=N-O \rightleftharpoons O-N-O \rightleftharpoons O-N=O$

수산화이온(OH^-)은 1개의 추가 전자를 가진다.

:Ö:H

일반적으로 한 분자 내에서 모든 전자는 쌍을 이루고 모든 원자는 8개의 전자를 가지지만 예외도 있다. 이산화질소(NO_2)의 경우, 질소가 1개의 쌍을 이루지 않은 전자를 가진다.

:Ö:N::Ö:

플루오린화베릴륨(BeF_2)의 경우, Be의 옥텟 절반만이 채워진다.

:F:Be:F:

그렇지만 BeF_2는 거의 이온성인걸!

'거의' 이온성이다? 그게 무슨 소리지?

극성 Polarity

많은 경우 결합이 순수한 공유나 이온결합이 아니고 공유와 이온결합의 중간적인 성질을 가진다.

물(H_2O)을 생각해보자. 산소는 전기음성도(electronegativity, EN)가 3.5이고 수소(EN=2.1)보다 더 전기음성적이다.* 이것은 O-H 결합에 참여하는 전자들이 고르게 나뉘지 않고 산소원자에 보다 가까이 떠돌아다닌다는 뜻이다.

이렇게 참말로 전자를 나누어 가지는 것이 아닌 결합에서는 분자가 양성과 음성 전하를 띠는 양극으로 나뉜다. 전자가 한쪽으로 몰리고(전하의 치우침) 수소와 산소 쪽은 각기 1이 안되는 양성과 음성의 부분전하를 가진다.

* 전기음성도는 가장 전기양성적인 세슘이 0.7이고 가장 전기음성적인 플루오린에는 4.0의 값을 매긴 인위적 척도를 사용한다.

O-H에서처럼 전자들이 한쪽으로 몰려 있는 결합을 **극성결합**이라 한다.
극성결합은 공유결합(전자의 동등한 공유)과 이온결합(전자의 완전한 이동)의 중간에 해당한다.

이온결합   강한 극성   약한 극성   공유결합

결합의 극성 정도에 따라 전하가 분자에 어떻게 분포되는지 결정된다.

결합의 극성은 두 원자의 전기음성도 차이에 의해 좌우된다. 전기음성도 차이가 크면 극성이 커지고 2.0 이상이면 이온결합으로 볼 수 있다.

결합	전기음성도 차이	공유의 정도
N≡N	0	똑같이 공유
C-H	0.4	거의 같이 공유
O-H	1.4	약한 극성
H-F	1.9	강한 극성
Li-F	3.0	이온결합

몇 가지 전기음성도	
H 2.1	Na 0.9
Li 1.0	Mg 1.2
C 2.5	S 2.5
N 3.0	Cl 3.0
O 3.5	K 0.8
F 4.0	Ca 1.0

잘 알려진 몇 가지 물의 성질을 극성으로 설명할 수 있다.

물은 상온에서 액체이다.
물분자를 이루는 각 원자에
부분 전하가 있어 분자들끼리
서로 끌어당기게 된다.
물은 자신에게 약하게
결합하는 셈이다.
이러한 내부의 응집력 때문에
물이 액체 상태를
유지할 수 있다.

대조적으로 SO_2은 물보다 훨씬 무겁지만 극성은 낮으므로
서로 끄는 힘이 별로 없고 상온에서 기체로 존재한다.

극성을 이용하면 물이 왜
소금과 같은 이온 화합물을
잘 녹이는지도 설명할 수 있다.
결정의 이온결합은 물의 양극이
잡아당기는 힘 때문에 무너지고
이온들은 결정에서 떨어져 나와
물분자에 붙게 된다.

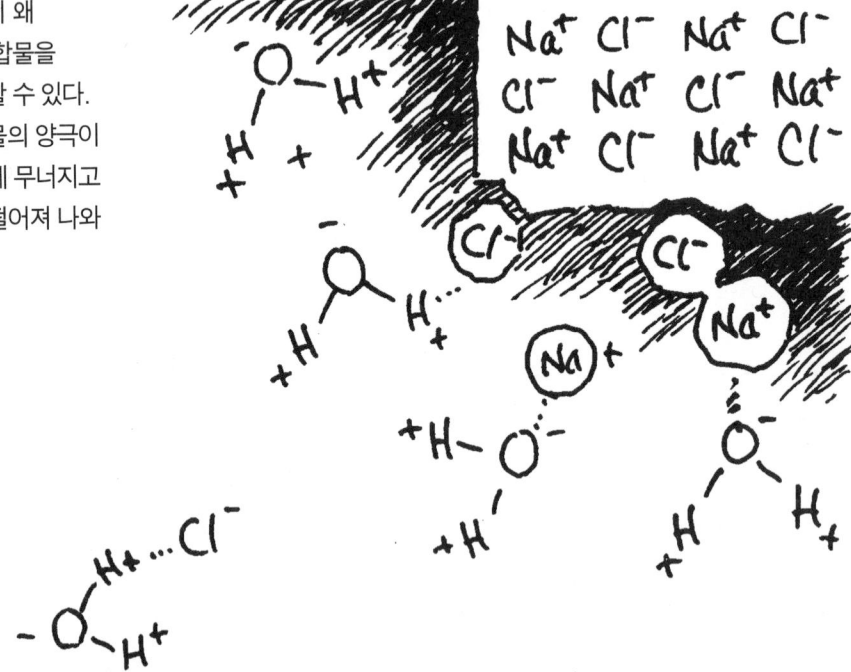

이와 같이 극성을 가지는 H와 다른 분자간의 약한 인력을 **수소결합**이라 한다.
이는 생명현상의 화학에서 아주 중요한 특징이다(247쪽을 보시오).

이온, 공유, 금속결합 : 주요 화학결합.
이제까지는 이러한 원자간의 상호작용이
어떻게 원자의 전기적 성질로부터
생기는지 또한 어떻게 물질의 구조에
영향을 미치는지 살펴보았다.

이제는 그것들이 화학과
무슨 상관이 있는지 알아볼 차례이다.

Chapter 4
화학반응

아이고! 어쩌다, 우리가 무인도에 고립되어버렸네. 어떻게 살아남지?
우리가 가지고 있는 것으로 유용한 것을 만들 수 있지 않을까….

연소, 결합, 분해
Combustion, Combination, Decomposition

"마른 나뭇가지와 산소만 있으면 된다니까!"

불에 대해 **반응식**을 써보기로 하자.
목재는 많은 종류의 물질을 함유하지만 주성분은
1:2:1의 비율로 들어 있는 탄소(C), 수소(H), 산소(O)이다.
목재의 실험식은 CH_2O로 쓸 수 있고
불의 연소과정은 다음과 같다.*

$$CH_2O\ (s) + O_2\ (g) \longrightarrow CO_2\ (g)\uparrow + H_2O\ (g)\uparrow$$

표시법의 설명 : 위의 반응식에서 ⟶ 의
왼쪽에 있는 물질은 **반응물**(reactant),
오른쪽은 **생성물**(reaction product)이라 한다.
참고로 △→ 은 가열했다는 뜻이다.
괄호 안의 소문자는 화학물질의 물리적 상태를 나타낸다.
g=gas(기체), s=solid(고체), l=liquid(액체), aq=물에 녹은 상태.
↑는 기체가 생겨 확산되는 것을 가리키며,
↓는 고체가 용액으로부터 가라앉는 현상을 말하며
침전되었다고도 한다.

그러므로 위의 반응식은
다음의 사실을 말해준다.
고체인 목재와 기체인 산소를
가열하면 기체 상태인
이산화탄소와 수증기가
생성된다.

이것은 전형적인 **연소반응**이다
(차가운 유리를 불꽃 위에 대면
수증기가 생긴 것을 확인할 수 있다.
물방울이 유리에 응축된 것이다).

* 완전연소가 되지 않은 숯, 연기, 일산화탄소는 여기서 빼기로 한다.

이제 불이 있으니 더 나은 연료를 만들어보자. 바로 **숯**이다. 마른 나무와 코코넛 껍질을 구덩이에 넣고(사용 가능한 산소의 양을 제한하기 위하여) 태운다. 반응식은 다음과 같다.*

$$CH_2O \xrightarrow{\Delta} C(s) + H_2O(g)\uparrow$$

이것은 **분해반응**(AB → A + B)이다. 분해반응에서 숯이라는 탄소원소가 생긴다.

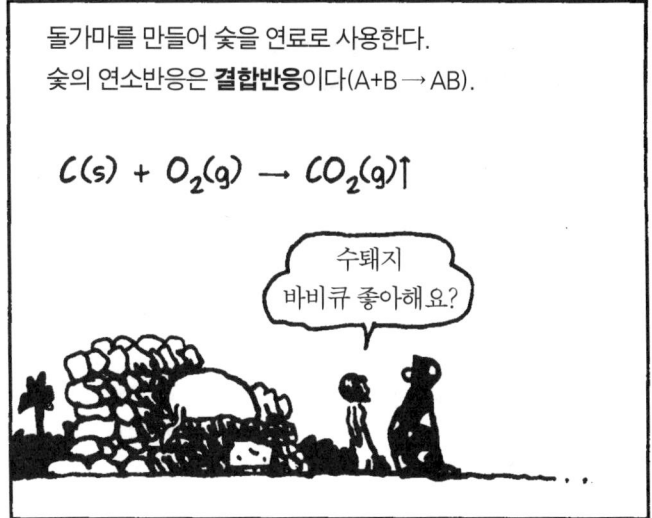

돌가마를 만들어 숯을 연료로 사용한다. 숯의 연소반응은 **결합반응**이다(A+B → AB).

$$C(s) + O_2(g) \rightarrow CO_2(g)\uparrow$$

이 화덕을 사용하여 **도자기**를 만들 수 있다. 호수의 바닥에서 미세한 입자로 이루어진 고령토를 퍼올려 물을 조금 넣고 갈아서 매끄러운 카올린($Al_2Si_2O_5(OH)_4$)을 만든다. 이것을 그릇 모양으로 만들어 뜨거운 화덕에 넣고 굽는다.

$$3Al_2Si_2O_5(OH)_4(s) \xrightarrow{\Delta} Al_6Si_2O_{13}(s) + 4SiO_2(s) + 6H_2O(g)\uparrow$$

첫 번째 생성물은 **멀라이트**(mullite)이다. 두 번째인 SiO_2는 모래의 주성분인 **실리카**(silica)인데 녹으면 **유리**가 된다. 점토를 구울 때 멀라이트가 실리카와 융합하여 아주 딱딱하고 물이 스며들지 않는 도자기가 된다.

* 여기서도 소량의 다른 반응물질과 생성물질은 무시한다.

반응식의 균형 맞추기 Balancing Equations

도자기 반응식에서 어떤 물질들은 그 앞에 숫자로 된 계수를 가지는 것을 볼 수 있다. 아래의 식은 3개의 카올린 점토분자가 1개의 멀라이트분자, 4개의 실리카, 6개의 물분자를 생성하는 것을 보여준다.

$$3Al_2Si_2O_5(OH)_4 (s) \xrightarrow{\Delta} Al_6Si_2O_{13} (s) + 4SiO_2 (s) + 6H_2O (g)\uparrow$$

반응식의 균형을 맞추는 데 계수를 사용한다. 각 종류의 원자들의 개수는 식의 양쪽에서 똑같아야 한다. 6개의 Al, 6개의 Si, 27개의 O와 12개의 H. 근데 맞는 계수를 어떻게 찾지?

균형 잡히지 않은 식으로 시작해보자.

$$Al_2Si_2O_5(OH)_4 (s) \xrightarrow{\Delta} Al_6Si_2O_{13} (s) + SiO_2 (s) + H_2O (g)\uparrow$$

양쪽에 있는 원자의 수를 각기 적는다.

	왼쪽	오른쪽
Al	2	6
Si	2	3
O	9	16
H	4	2

하나의 원소에 대해 균형을 맞춘다. Al부터 시작한다.
왼쪽에 3을 곱한다.

$$3\,Al_2Si_2O_5(OH)_4 (s) \xrightarrow{\Delta} Al_6Si_2O_{13} (s) + SiO_2 (s) + H_2O (g)\uparrow$$

양쪽의 원자들 숫자를 다시 센다.

	왼쪽	오른쪽
Al	6	6
Si	6	3
O	27	16
H	12	2

다른 원소의 균형을 맞춘다.
SiO_2 앞에 4를 적어넣어서 Si를 균형 잡는다.

$$3\,Al_2Si_2O_5(OH)_4 (s) \xrightarrow{\Delta} Al_6Si_2O_{13} (s) + 4SiO_2 (s) + H_2O (g)\uparrow$$

다시 양쪽의 원자들 숫자를 센다.

	왼쪽	오른쪽
Al	6	6
Si	6	6
O	27	22
H	12	2

마지막으로 H_2O 앞에 6를 써서 H와 O의 균형을 맞춘다.

$$3\,Al_2Si_2O_5(OH)_4 (s) \xrightarrow{\Delta} Al_6Si_2O_{13} (s) + 4SiO_2 (s) + 6H_2O (g)\uparrow$$

	왼쪽	오른쪽
Al	6	6
Si	6	6
O	27	27
H	12	12

- 계수 없이 식을 쓴다.
- 식에 나오는 모든 원소를 적는다.
- 양쪽에 있는 모든 원자의 수를 각각 적는다.
- 한 번에 한 원소씩 계수를 조정함으로 원자의 균형을 맞춘다.*
- 요하다면 가장 적은 숫자들로 계수를 줄인다.

* 옮긴이 주 : 이게 말이 쉽지 상당히 복잡할 수도 있다. Al처럼 양쪽에 한 번씩 나오는 원소부터 맞추는 게 좋다. Si나 O부터 시작해보라. 어떤지….

식의 균형을 맞추는 기술(또는 예술)을 반응의 화학량론(stoichiometry)이라 한다.

연습문제 각 식에서 계수를 구하라.

$Al(s) + Fe_2O_3(s) \xrightarrow{\Delta} Al_2O_3(s) + Fe(s)$

$KClO_3(s) \xrightarrow{\Delta} KCl(s) + O_2(g)$

$C_4H_{10}(g) + O_2(g) \longrightarrow CO_2(g) + H_2O(g)$

$N_2(g) + H_2(g) \longrightarrow NH_3(g)$

$P_4(s) + F_2(g) \longrightarrow PF_5(g)$

$Zn(NO_3)_2(s) \xrightarrow{\Delta} ZnO(s) + NO_2(g) + O_2(g)$

$H_3PO_4(l) \xrightarrow{\Delta} H_2O(l) + P_4O_{10}(s)$

$Cu(s) + AgNO_3(aq) \longrightarrow Cu(NO_3)_2(aq) + Ag\downarrow$

$Fe(s) + O_2(g) \longrightarrow Fe_2O_3(s)$

$FeCl_3(s) + H_2O(l) \longrightarrow HCl(aq) + Fe(OH)_3\downarrow$

몰 The Mole

식의 계수를 이용하여 생성물과 반응물의 상대적 **질량**을 알 수 있다. 이 계산에는 **몰**(mole)이라는 단위가 사용된다. 어떤 물질의 1몰은 자신의 분자량 또는 원자량을 **그램**(gram)**단위**로 표시한 질량만큼의 양을 가리킨다.

쓰고 보니 아주 단순한 아이디어를 복잡하게 말한 꼴이다. 예를 들어보겠다.

	분자량	몰질량
O_2	32 amu	32 g
SiO_2	60 amu	60 g
$Al_2Si_2O_5(OH)_4$	258 amu	258 g
Fe	56 amu	56 g
PROTON	1 amu	1 g
NaCl	58.5 amu	58.5 g

유의 : 여기서 분자량은 어떤 물질의 단위입자의 질량을 amu(원자질량단위)로 나타낸 것이다. NaCl 같은 이온결정의 경우에는 결정의 기본단위의 질량을 말한다.

몰은 원자단위에서 그램단위의 무게로 확대할 때 유용하다. 정확히 말하자면 1g은 amu보다 602,200,000,000,000,000,000,000배 무겁다. 즉 1g=6.022×10^{23} amu이다.

그렇다면 이 숫자는 **1몰에 들어 있는 입자의 개수**에 해당한다. **어떤 물질이건** 1몰에는 이렇게 많은 수의 입자가 있다! 6.022×10^{23}은 **아보가드로수**라고 불리는데 이것은 일정한 부피의 기체에는 일정한 개수의 분자가 존재함을 처음으로 제안한 이탈리아 화학자 아보가드로(Amedeo Avogadro : 1776~1856)의 이름에서 따온 것이다.

이제 100kg의 점토를 가지고 시작해보자. 내가 얻을 수 있는 도자기는 몇 kg일까?
다음 반응식을 보자.

$$3Al_2Si_2O_5(OH)_4 (s) \xrightarrow{\Delta} Al_6Si_2O_{13}(s) + 4SiO_2(s) + 6H_2O(g)\uparrow$$

점토   도자기

코코넛 껍질로 만든 저울을 쓰니 이 일이 언제 끝나겠어?

그러면 각각의 반응물질과 생성물질의 무게를 그램 수로 보여주는 **질량-균형**(mass-balance)**표**를 써본다.

반응물질	질량	생성물질	질량
3 mol $Al_2Si_2O_5(OH)_4$	3 × 258 = 774 g	1 mol $Al_6Si_2O_{13}$	426 g
		4 mol SiO_2	4 × 60 = 240 g
		6 mol H_2O	6 × 18 = 108 g
총합	774 g	총합	774 g

표에 의하면 774g의 카올린 점토로 426+240=666g의 도자기를 만들 수 있다.
그러므로 1g의 카올린 점토에서 (666/774)g=0.86g이
100kg에서는 (0.86)(100kg)(1000g/kg)=86,000g = 86kg의 도자기가 만들어진다.

이 과정은 거꾸로도 쉽게 이용할 수 있다.
만약 100kg의 도자기를 원한다면
젖은 점토를 얼마나 섞어야 하나?

휴!

답 : (100)(774/666)kg

기타 반응들

용기와 화덕을 만들었으니 이제는 빌딩을 지을 때 필요한 **건축자재**를 만들어보자. 석회석, 백악(chalk), 조개껍질은 모두 탄산칼슘($CaCO_3$)으로 이루어졌는데 이것들을 가열하면 **생석회**(CaO)가 생긴다.

$$CaCO_3(s) \xrightarrow{\Delta} CaO(s) + CO_2(g) \uparrow$$

CaO와 화산석 가루를 함께 가열하면 **시멘트**가 된다. 여기에 물, 모래, 자갈을 섞으면 **콘크리트**가 생긴다! 이제 빌딩을 짓자!

우리는 집에 페인트칠을 할 수도 있다.
흰도료 또는 **소석회**의 성분인 $Ca(OH)_2$는 CaO와 H_2O가 화합하여 만든다.

$$CaO(s) + H_2O(l) \longrightarrow Ca(OH)_2(aq)$$

소석회는 좋은 퍼티와 회반죽의 재료가 된다. 시간이 지나면 흰도료는 공기 중의 CO_2와 서서히 결합하여 흰색의 벽토 같은 물질로 변화되어 딱딱해진다.

$$Ca(OH)_2(s) + CO_2(g) \longrightarrow CaCO_3(s) + H_2O(g) \uparrow$$
다시 석회석

이제는 씻을 수 있게 비누를 만들자.

먼저 미역을 태워 소다회(탄산나트륨, Na_2CO_3), 포타쉬(탄산칼륨, K_2CO_3)의 혼합물인 하얀 가루를 얻는다. 소다회를 분리한다 (방법은 신경 쓰지 말 것).

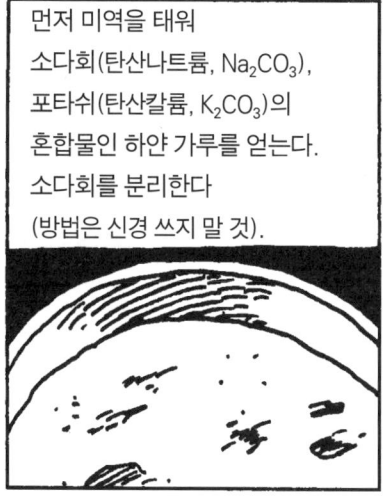

소다회와 소석회를 합하여 다음의 반응을 일으킨다.

$$Ca(OH)_2(aq) + Na_2CO_3(aq) \rightarrow 2NaOH(aq) + CaCO_3(s)\downarrow$$

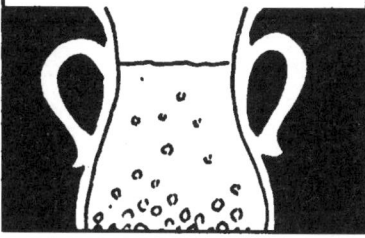

탄산칼슘($CaCO_3$)이 하얀 구름처럼 바닥으로 가라앉는다. 수산화나트륨(NaOH) 용액을 조심스레 따라낸다. 이것은 부식성을 가지는 **잿물**이다. 강력한 물질이다!

멧돼지 지방을 부식성의 양잿물과 같이 끓여준다. 지방은 물에 녹지 않으나 나트륨이온들이 지방분자에 극성 꼬리표를 달아놓아 비누의 방법으로 물과 상호작용하도록 한다. 반응은 무엇일까?

음… 멧돼지가 불만이 많군!

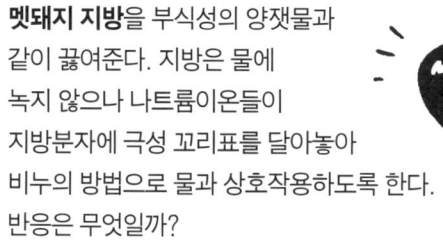

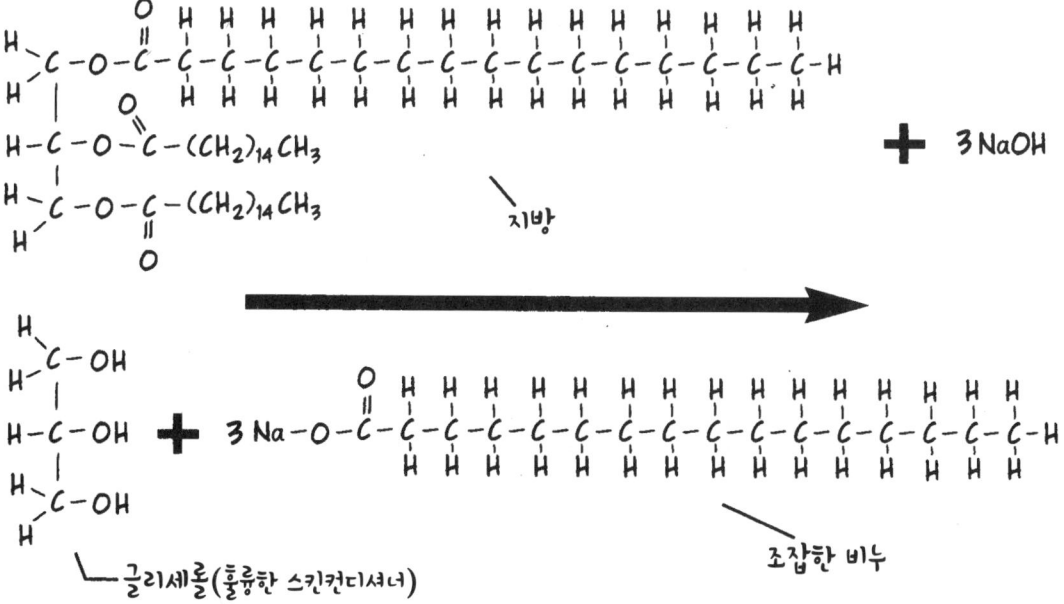

산화-환원반응 Redox Reactions

이제 지나가는 배에 신호를 보낼 수 있도록 폭탄을 만들자.
우선 **폭발용 분말**이 필요하다.
재료는 **목탄**, **황**, **질산칼륨** 또는 **초석**(KNO_3)이다.

우리는 벌써 숯을 확보했고, 황은 근처의 화산에서(노랑색 물질이다) 원소 형태로 긁어모으면 될 것이고, 칼륨은 포타쉬에서, 질산은 **박쥐 똥**(guano)에 들어 있는 질산칼슘에서 얻는다.

박쥐의 똥에 물과 포타쉬를 넣어 끓이면 이중치환반응이 일어난다.

$$Ca(NO_3)_2 (aq) + K_2CO_3 (aq)$$
$$\rightarrow$$
$$CaCO_3 (s)\downarrow + 2KNO_3 (aq)$$

초크(분 성분)가 석출하여 용액 밑으로 가라앉는다.

조심스럽게 질산칼륨(KNO_3) 용액을 따라낸다.

물을 증발시키면 바늘 모양으로 생긴 질산칼륨의 결정 덩어리들이 남는다.

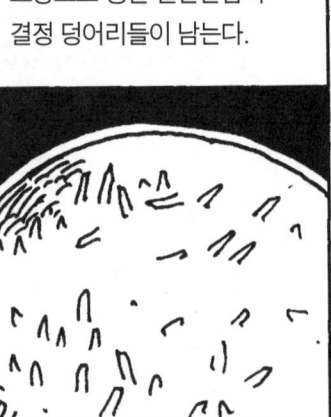

이것을 다음과 같이 섞어놓으면 어떤 반응이 일어날까?

$$C + S + KNO_3 \rightarrow ??$$

전자를 따라가면 **생성물**이 무엇인지 어느 정도 추측할 수 있다.

폭발은 전자가 한 원자에서 다른 원자로 이동하는 매우 중요한 반응 종류에 속한다. 이런 반응들을 산화-환원반응 또는 짧게 'redox'라고 부른다.

예를 들어 다음의 연소반응에서,

$$C + O_2 \rightarrow CO_2,$$

4개의 전자가 C로부터 2개의 O원자로 이동한다.
이 경우에 C는 산화되었다고(oxidized) 하며 전자를 얻은 O는 환원되었다고(reduced) 한다.
다른 산화-환원의 예로 녹스는 현상 (또는 부식작용)이 있다.

$$4Fe + 3O_2 \rightarrow 2Fe_2O_3$$

Fe는 전자를 버리고 산화되며 O는 전자를 얻어 환원된다.

유의: 산소가 반드시 반응에 관여해야 하는 것은 아니다! 전자가 다른 원자로 이동해도 산화가 일어난다.

산화수 Oxidation Numbers

각 원자가 잃거나 얻는 전자는 몇 개인가?

어떤 화합물에 들어 있는 원소의 **산화 상태** 또는 **산화수**는 전자가 남거나 모자라는 정도를 나타낸다. 다시 말하면 산화수란 원자의 **전체 전하**(net charge)인 것이다.*

예를 들어 CaO에서 Ca는 +2의 산화수를 가지고 (Ca는 전자를 2개 내준다) O의 산화수는 O가 2개의 전자를 받아들이기 때문에 −2이다.

1. 원소가 혼자 원소 형태로 존재할 때 산화수는 0이다.
2. 어떤 원소들은 거의 대부분의 화합물에서 같은 산화수를 가진다.
   - H : +1 (단, NaH와 같은 금속수소화물에서는 −1이다)
   - 알카리 금속 Li, Na, K 등 : +1
   - 제2족 금속 Be, Mg 등 : +2
   - 플루오린 : −1
   - 산소 : 거의 항상 −2
3. 중성화합물에서 각 원자의 산화수를 더하면 0이 된다.
4. 다원자이온의 경우 산화수를 더한 값은 이온의 전하와 같다.

---

* 또는 결합이 완전한 이온결합일 경우에 원자가 갖는 전하를 말한다. 산화수를 지정할 때 우리는 전자들이 한 원자에서 다른 원자로 완전히 이동한 것인 양 생각하나 실제로는 불균등한 공유일 수도 있다.

한 원자의 산화수는 주위의 다른 원자들에 따라 달라진다.
예를 들어 HCl에서 염소가 전자 하나를 받아들이는데 (산화 상태 -1)
이것은 Cl의 전기음성도(3.0)가 H의 전기음성도(2.1)보다 크기 때문이다.

그러나 과염소산이온(ClO_4^-)의 경우,
염소의 산화수가 +7이다.
염소의 최외각전자들은
모두 산소에게 가는데
이는 산소의 전기음성도(3.5)가
염소보다도 크기 때문이다.

아래에 몇몇 원소들과 그들의 보편적인 산화수가 있다. 더 큰 양의 값일수록 더 많이 산화된 것이다.

	가장 환원	중간	가장 산화
H	NiH_2 (-1)	H_2 (0)	H_2O, OH^- (+1)
C	CH_4 (-4)	C (0)	CO_2, CO_3^{2-} (+4)
O	H_2O, CO_2, CaO 등 (-2)	H_2O_2 (-1) 과산화수소	O_2 (0)
N	NH_3 (-3)	N_2 (0), N_2O (+1), NO (+2)	NO_3^- (+5)
S	H_2S, K_2S (-2)	S (0), SO_2 (+4)	SO_3, SO_4^{2-} (+6)
Fe	Fe (0)	FeO (+2)	Fe_2O_3 (+3)
Cl	HCl (-1)	Cl_2 (0)	ClO_4^- (+7)

산화 →

← 환원

산화–환원반응에서 **환원제**(reducing agents or reductants)라는 물질은 전자를 내어주고 **산화제**(oxidizing agents or oxidants)는 전자를 받는다.

검은색의 폭발물 가루로 돌아가서 무엇이 가장 그럴듯한 산화제와 환원제인가?
황은 잠깐동안 무시하고 탄소와 초석에 집중해보자.

$$C + KNO_3 \rightarrow ?$$

4가지의 원소 중에서 K와 O는 이미 최대로 산화되었거나(K, +1) 환원되었으므로(O, –2) 제거할 수 있다. O^{2-}를 산화하거나 K^+를 환원하는 것은 지극히 어려운 일이다. 그러나 C(0)는 +4 상태인 CO_2 또는 CO_3^{2-}로 산화될 수 있고 N(+5)는 0 상태인 N2로 환원될 수 있다.
그러므로 다음과 같은 균형 잡히지 않은 반응식이 기대된다.

$$C(s) + KNO_3(s) \rightarrow CO_2(g)\uparrow + N_2(g)\uparrow + K_2CO_3(s)$$

앞의 반응식은 전자의 이동을 추적하여 균형을 잡는다.
탄소 1몰은 4몰의 전자를 내어주고, 질소 1몰은 5몰의 전자를 받는다.
20몰의 전자가 5C에서 4N으로 움직인다면 균형이 맞는다.
(다른 계수들은 K와 O의 균형에서 계산한다).

$$5C(s) + 4KNO_3(s) \longrightarrow 3CO_2(g)\uparrow + 2N_2(g)\uparrow + 2K_2CO_3(s)$$

앞 반응에서 상당한 소리와 거품이 발생하는데 몇 세기의 실험 결과 황을 첨가하면 더 크게 펑 터진다는 것을 알게 되었다.

S원소는 쉽게 K_2S의 -2로 환원된다. 사실 이제는 화학자들이 K_2S 제조가 K_2CO_3의 제조보다 쉽다는 것을 안다. 에너지 소비가 적어서 더 많은 에너지를 남겨 큰 소리를 내는 데 쓸 수 있기 때문이다. 다음과 같은 반응이 기대된다.

$$C(s) + KNO_3(s) + S(s) \longrightarrow CO_2(g)\uparrow + N_2(g)\uparrow + K_2S(s)$$

탄소 하나가 4개의 전자를 잃는다. 각각의 질소는 5개의 전자를 얻는다. 황은 2개의 전자를 얻는다.

3몰의 탄소가 12몰의 전자를 포기하고, 이 중 10몰은 2몰의 N으로, 2몰은 1몰의 S로 이동하면 반응이 균형 잡힌다.

$$3C(s) + 2KNO_3(s) + S(s) \longrightarrow 3CO_2(g)\uparrow + N_2(g)\uparrow + K_2S(s) + 빵!$$

이제 우리는 흑색 가루의 화학식을 만들 수 있다.
질량-균형표로 시작한다.

3 mol C	3 × 12 = 36 g	3 mol CO_2	3 × 44 = 132 g
2 mol KNO_3	2 × 101 = 202 g	1 mol N_2	28 g
1 mol S	32 g	1 mol K_2S	110 g
	270 g		270 g

화약 1g을 만들려면 (36/270)g=0.13g의 C, (202/270)g=0.75g의 KNO_3와
(32/270)g=0.12g의 S가 필요하다. 100g을 만들려면 각각 100을 곱해주면 된다.

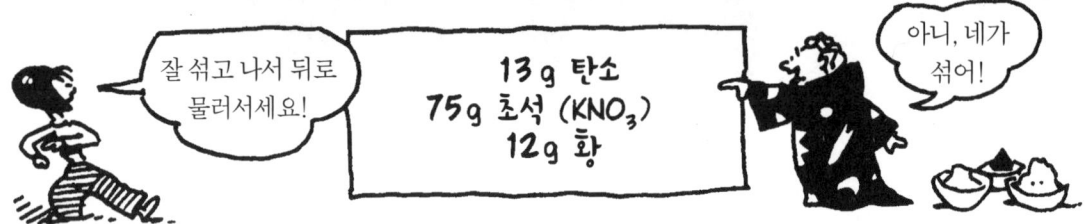

좋았어! 전형적인 화약 조제법에서는 황 10g, 탄소 15g, KNO_3 75g을 사용한다.
우리의 결과와 다른 이유는 소량의 다른 생성물들을 우리가 무시했기 때문이다.
실제 조제법은 시행착오를 통해 얻어진다.

이제 이것을 섞는다.

댁이!

흠… 좋아.

만약에 이 실험을
집에서 한다면
(추천사항이 아님)
손가락과 손 전체가 잘려나가는
만약의 경우를 대비해
각 성분을 하나씩 **따로**
갈아야 함을
반드시 명심해야 한다.

화약을 대나무통 안에 채우고… 저기 배가 온다!
도화선에 불을 붙여!

어어이!

Chapter 5
반응열

4장에서 우리는
화학반응의 물질이동을 살펴보았다.
원자들이 어떻게 자리를 움직이는지
주의 깊게 기록하였다.

이번에는 반응을 다른 각도에서
보고자 한다. 즉 **에너지**의 이동이다.

물리학자들은 에너지를 '일(work)*할 수 있는 능력'이라고 기계적으로 정의한다.
일은 어떤 물체에 힘이 작용하여 일정 거리를 움직이는 현상을 말한다.
일=힘×거리. 에너지의 미터단위는 **뉴턴**×**미터** 또는 **줄**이다.

(1줄=1뉴턴의 힘이 가해져서 1미터의 거리를 움직였을 때 행해진 일.)

화학자들도 '일'에 관심을 가지지만 (폭발은 일을 행한다) 우리는 다른 형태의 에너지에도 흥미를 가진다. 바로 **화학**에너지, **빛**에너지, **열**에너지이다. 이들은 모두 '일'을 하는 능력을 갖는다.

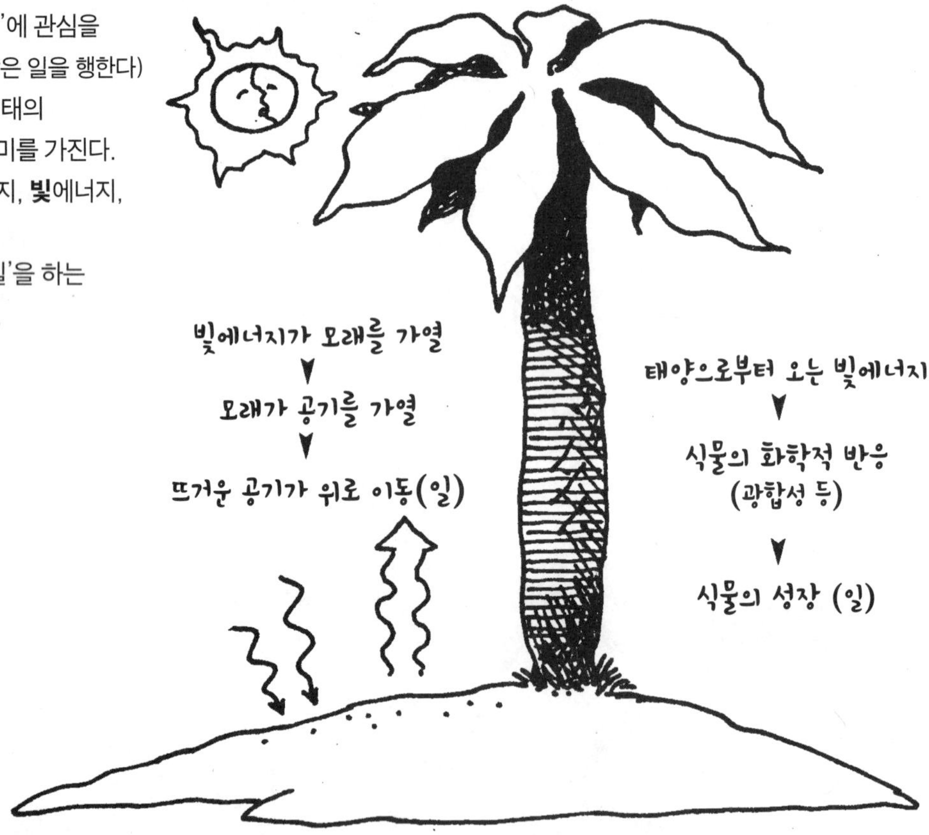

빛에너지가 모래를 가열
↓
모래가 공기를 가열
↓
뜨거운 공기가 위로 이동(일)

태양으로부터 오는 빛에너지
↓
식물의 화학적 반응
(광합성 등)
↓
식물의 성장 (일)

한 종류의 에너지가 다른 종류로 전환될 수는 있으나 에너지가 창조되거나 파괴될 수는 없다.
이것은 **에너지 보존의 법칙**이다.

* 유용한 일과 혼돈하지 말 것.

기계적 에너지에 대해 더 자세히 조사해보자. 내가 코코넛을 밀면 그것은 움직이며
더 오랫동안 더 세게 밀면 더 빨리 굴러간다(이 원리는 마찰과 중력이 없는 대기권 밖에서 더 분명해진다).
코코넛에 일을 해줌으로 나는 에너지를 더해준 것이다.

운동에너지(kinetic energy), 즉 움직임(motion)의 에너지이다.

$$K.E. = \frac{1}{2}mv^2$$

지구로 다시 돌아와 이번에는 코코넛을 위로 던져보자. 코코넛이 위로 날아가다가 중력 때문에 속도가 느려진다. 결국에는 정지하고 아래로 떨어지기 시작한다. 내가 행사한 에너지는 어디로 갔는가?

정지, 운동에너지 없음, 큰 위치에너지

낮은 속도, 운동에너지 약간, 위치에너지 약간

높은 속도, 큰 운동에너지

코코넛은 느려지고 운동에너지를 잃게 되면서 **위치에너지**(potential energy)를 얻게 된다. 이것은 지구의 중력장에서 물체의 위치에 의존하는 에너지이다.

운동에너지와 위치에너지의 합은 일정하다.

모든 형태의 에너지는 운동에너지와 위치에너지로 설명할 수 있다.
예를 들어 빛에너지는 움직이는 광자(photons), 즉 빛 입자*의 운동에너지이다.
화학결합에는 저장된 위치에너지가 있다. 그리고 열은… 열은… 그런데 열이 무엇이지?

소리 지르지 않고 설명하기 어렵군.

* 빛이 보이지 않을 수도 있다. 움직이는 광자는 X-선부터 라디오파까지 모든 전자기파를 의미한다.

우리가 알기로 열은 온도와 관계 있는 것이고 온도는 우리에게 상당히 익숙한 개념이다. 우리는 온도를 온도계로 측정할 수 있는 것도 잘 안다.

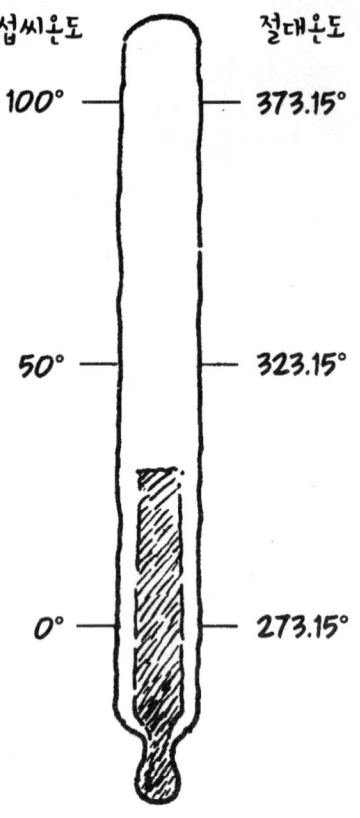

단위는 **도**(℃)이다.
섭씨의 척도는

0 ℃ = 물의 녹는점
100 ℃ = 물의 끓는점

절대온도를 나타내는 켈빈눈금은 섭씨눈금과 크기가 같으나 더 낮은 곳에서 시작한다.

0K=절대온도 0도(모든 분자와 원자의 움직임이 정지하는 온도)=-273.15℃

°C = K - 273.15

우리가 말할 때 무엇이 뜨겁다고 하는데 실제로는 그것의 온도가 높다는 뜻이다. 화학자는 그런 식으로 말하지 않는다.
열과 온도는 같지 않기 때문이다.

차이를 설명하기 위해 우리가 2개의 코코넛을 75℃를(예를 들어 25~100℃까지) 올려 익힌다고 생각해보자. 2개의 코코넛에 일어나는 온도 변화는 1개의 코코넛에서의 **온도 변화와 같다.**
그러나 2개의 코코넛은 코코넛이 1개 더 늘어 **2배의 물질을 가열해야** 하므로 열의 흡수는 2배가 된다.

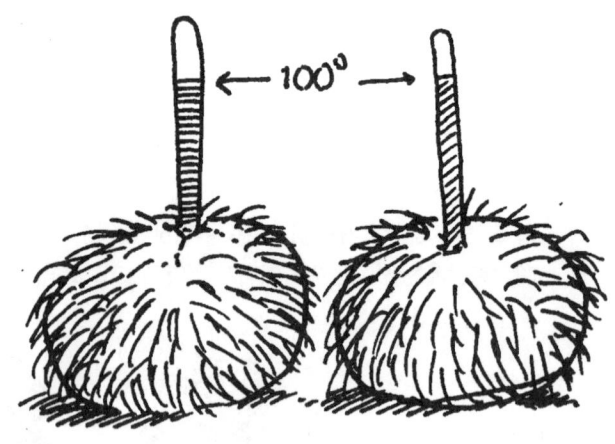

같은 온도 변화, 2배의 열 변화

그렇다면 온도와 열의 관계는 어떤 것인가?

첫 번째로 열의 이동은 어디를 보아도 **온도 변화**와 관련되어 있다는 것이다. 경험으로 우리는 열이 뜨거운 곳에서 찬 곳으로 흐른다는 것을 안다.

온도가 높은 물질이 온도가 낮은 물질을 만나면 온도가 같아질 때까지 에너지는 따뜻한 것에서 찬 것으로 이동한다. 뜨거운 물에 찬 물체를 넣어 잠기게 하는 경우를 예로 들 수 있다(그 물체가 녹지 않는다고 가정하자).

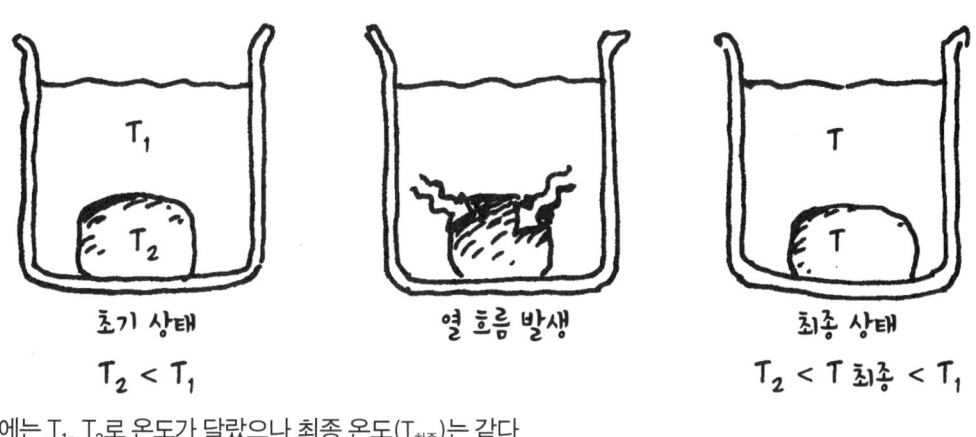

처음에는 T_1, T_2로 온도가 달랐으나 최종 온도($T_{최종}$)는 같다.

이동된 에너지의 양이 열이다.
열은 온도 차이와 관련된 에너지 변화다.

내부에너지 Internal Energy

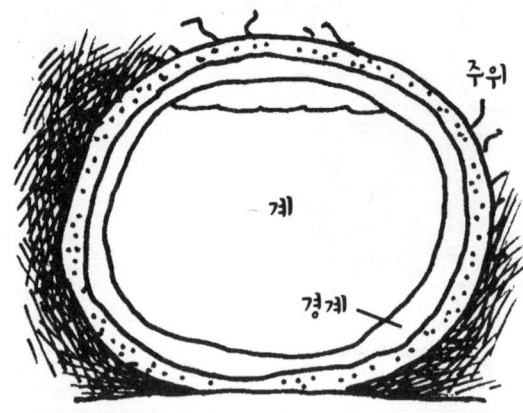

열에너지는 어디로 가는가?
이 질문에 답하려면 주위와 자신 사이에
분명한 경계를 가지고 있는
화학적 계(chemical system)의 대표 격인
코코넛을 고려해보자.

가까운 거리에서 보면 코코넛은 에너지로 넘쳐난다.
모든 분자들이 제멋대로 돌아다니면서 운동에너지를 갖는다.
분자들에게는 또한 위치에너지도 있다. 전기적 인력과 반발력은 입자를 가속화 또는
감속화하는데 이는 던져진 물체에 중력이 작용하는 것과 비슷하게 영향을 미친다.

계의 내부에너지는
계 내부에 있는 모든 입자의
운동에너지와 위치에너지의 합이다.

계의 **온도**는 모든 입자들의 평균 병진운동에너지, 즉 입자들이 얼마나 빨리 날아다니는지 또는 천천히 움직거리는지의 척도이다.

이것이 실제로는 위에 말한 것보다 좀더 복잡해진다. 기체의 경우 온도는 분자가 얼마나 날세게 날아다니는가의 척도이지만 금속의 경우 온도는 움직이는 전자의 에너지를 포함하고 결정의 경우 조금씩 흔들리는 이온들은 운동에너지뿐 아니라 위치에너지도 가지는데 이것은 입자들이 서로를 잡아당기기 때문이다.
분자(또는 분자의 일부분)는 내부적으로 회전하거나 진동하기도 한다.

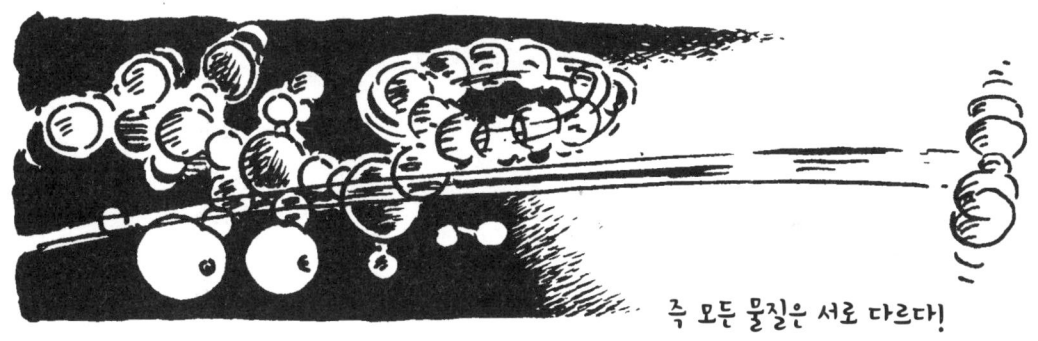

* 병진운동에너지는 공간에서 움직이는 입자와 관련 있는 에너지이다.
  스핀과 내부의 진동에너지는 포함되지 않는다.

열용량 Heat Capacity

어떤 물질의 **열용량**은
그 온도를 1°C 올리기 위해 필요한 에너지다.
일반적으로 1g당 열용량 또는 1몰당 열용량을 사용한다.

줄(James Prescott Joule : 1818~1889)은 물의 열용량을 측정했다.
그는 물에 잠긴 노 모양의 회전체에 무거운 추를 달아매었다.
그러고는 물의 온도 상승*을 측정하여 온도 변화에 상응하는 일을 계산하였다.
그 결과,

물 1g당 열용량 또는 **비열**은

4.184 J/g°C

예를 들어 5g 물의 온도를
7°C 올리기 위해 필요한 에너지는,

5 X 7 X 4.184
= 146 J

* 어떤 물체에 일을 해주면 온도를 올릴 수 있다.
  예를 들어 못을 망치로 두드리면 못 대가리가 따듯해진다.

여기 드디어 온도와 열 사이의 정확한 관계식이 있다.

위의 공식과 물의 비열을 사용하여 다른 물질의 비열을 계산할 수 있다.
구리로 시작해보자. 25°C의 2kg 구리를 30°C의 5kg 물에 넣는다. 온도가 일정할 때까지 기다린다.
온도계를 점검한다. 29.83°C이다. 물의 온도는 거의 변하지 않았지만 구리는 정말로 가열되었다.

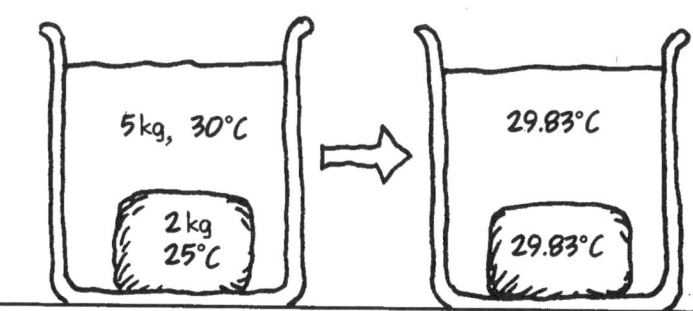

온도 변화(ΔT)는
$\Delta T_{물} = -0.17°$
$\Delta T_{구리} = 4.83°$

우리는 곧바로 물의 열 손실을 계산할 수 있다.
(열 변화는 q로 나타낸다)

$q_{물} = (5000g)(-0.17°C)(4.18 J/g°C)$
$= -3553 J$

음의 기호는 물이 에너지를 내주었음을 의미한다.

그러나 물의 손실은 정확하게 구리의 이득이 된다
(용기에서 새나가는 열이 없다고 가정하자). 즉,

$q_{구리} = 3553 J$

구리는 2,000g이었으므로 공식에 따르면

$3553 J = (2000g)(4.83°) C_{구리}$
($C_{구리}$ = 구리의 비열)

$C_{구리}$에 대해 풀면

$C_{구리} = \dfrac{3553 J}{(2000 g)(4.83°)} = 0.37 J/g°C$

놀랍게도 구리의 비열은 물의 비열 값에 비해 1/10도 안된다.
물은 온도가 별로 오르지 않으면서도 열을 흠뻑 빨아들이는 반면 구리는 너무도 쉽게 온도가 상승하는 것이다.

액체 상태의 물에서는 분자들 사이에 수소결합이 형성된다(3장 참조). 이 결합 때문에 물분자가 활발하게 움직이는 것이 어렵다.
열이 가해지면 대부분은 분자간 힘과 관련 있는 위치에너지로 간다.

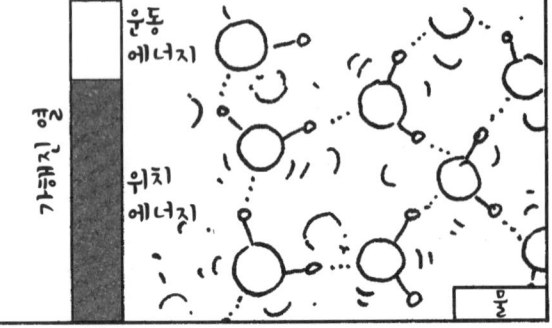

한편, 구리는 대단히 활발하게 움직이는 '전자의 바다'를 가진다. 열이 가해지면 전자들이 더욱 빠르게 날아다닌다. 열의 거의 대부분은 운동에너지로 쓰이고 따라서 온도가 오르는 것이다.

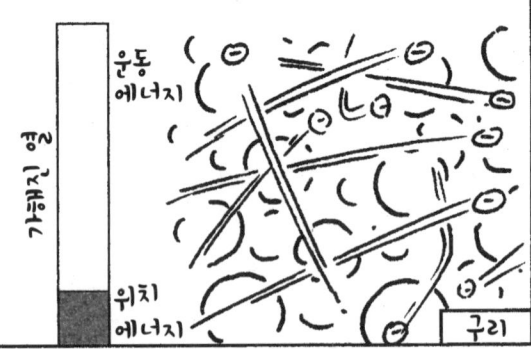

이런 이유로 물은 자동차 엔진부터 원자로까지 많은 기계류에 냉각제로 사용된다. 뜨거운 금속에서 찬물로 열 전이가 일어나면 금속의 온도는 급격하게 떨어지는 반면 물의 온도는 상대적으로 조금 오른다.

다른 여러 물질들의 비열도 같은 방법으로 알아낼 수 있다. 앞의 실험에서 구리 대신 철을 사용하면(동일한 온도, 동일한 질량 사용), 온도 변화는 다음과 같다.

$$\Delta T_{물} = -0.206°$$
$$\Delta T_{철} = 4.794°$$

구리의 경우와 똑같은 방법으로 계산해 얻은 철의 비열도 매우 작은 값을 보인다.

$$C_{철} = 0.45 \text{ J/g°C}$$

이제 철을 에탄올 또는 주정에 넣고 측정한다. 같은 질량과 시작할 때 온도 차이가 5°C라고 가정한다.

$$\Delta T_{에탄올} = -0.36°$$
$$\Delta T_{철} = 4.65°$$

전과 같이 계산한다.

$$C_{에탄올} = 2.4 \text{ J/g°C}$$

금속보다 물의 비열에 가까운 값이다.

이런 방식으로 하나씩 측정하면 비열의 실험치를 표로 정리할 수 있다.

물질	비열 (J/g°C)
수은(Hg)	0.14
구리(Cu)	0.37
철(Fe)	0.45
흑연(C)	0.68
단순한 분자	
얼음	2.0
수증기	2.1
부동액	2.4
에탄올	2.4
액체물	4.2
암모니아	4.7
복잡한 물질	
놋쇠	0.38
화강암	0.79
유리	0.8
콘크리트	0.9
목재	1.8

부동액이 물보다 효력이 적은 냉각제임에 주목하라. 그렇지만 장점이 있는데 어는점이 물보다 낮고 엔진 부품에 부식성이 적다는 것이다.

맞아, 모든 것을 아는 저 손!

열계량법 Calorimetry

이제까지 기술한 이 모든 서론의 촛점은 **화학반응의 열량 변화**를 알아내는 것이다. 이제 반응이 일어날 때 얼마나 많은 에너지가 열의 형태로 흡수 또는 방출되는가를 측정할 수 있는 시점에 와 있다.

방법은 우리가 비열을 얻을 때 사용한 것과 비슷하다. 반응을 열용량 C를 알고 있는 용기 안에서 진행시키고 온도의 변화를 측정한다. 용기가 반응에서 방출하는 열을 흡수하거나, 반응계가 용기의 열을 빼앗거나, 반응의 열량 변화 q는 $-q_{용기}=-C\Delta T$이다.

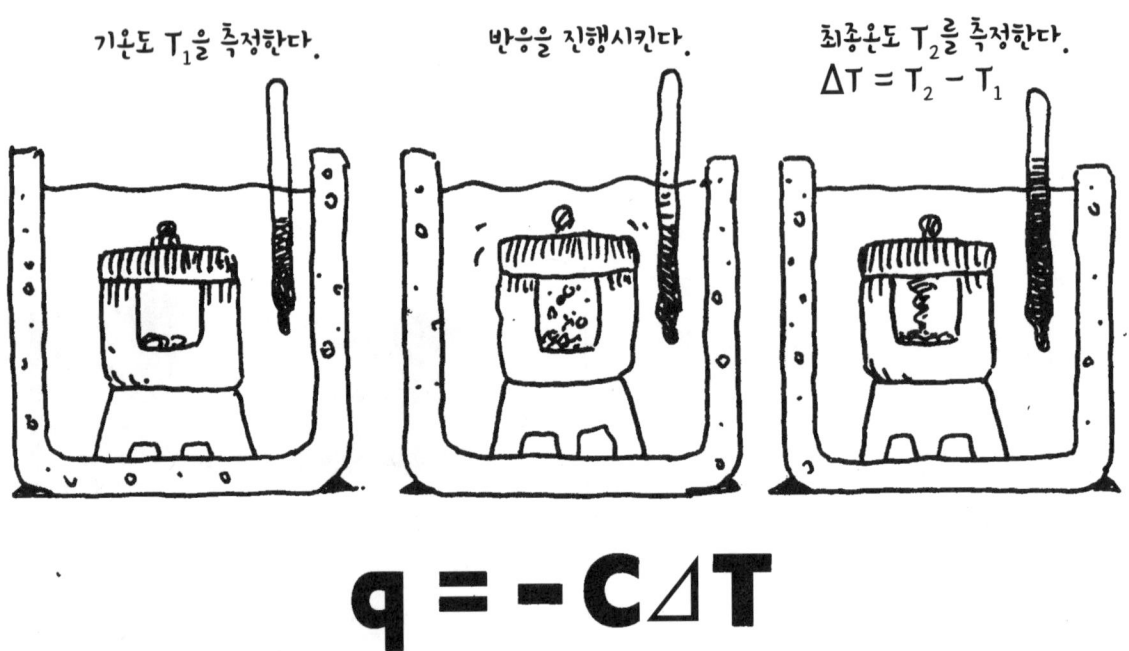

$$q = -C\Delta T$$

반응용기와 주위의 장치를 합해 **봄열량계**(Bomb calorimeter)라고 한다.
반응 공간 또는 '봄(bomb)'은 일반적으로 물에 잠겨 있고, 열을 고르게 나누기 위해 물을 휘저어 준다.
온도계를 꽂으면 완벽한 열량계가 된다.

예

휘발유의 성분 중 하나인 옥탄(C_8H_{18})의 연소

$$2C_8H_{18}(l) + 25O_2(g) \longrightarrow 16CO_2(g) + 18H_2O(g)$$

방출된 열의 측정을 위해 강하고 무거운 '봄'이 필요한데 고온, 고압의 조건을 견딜 수 있어야 하기 때문이다. 두꺼운 벽의 강철 용기가 적당하다. 열용량이 $15,000 J/°C$라고 가정하자.
용기를 2.5L(질량은 2,500g)의 물에 잠기게 한다.

물의 열용량이

$$(2500g)(4.184 J/g°C) = 10,460 J/°C$$

이므로 열량계의 총열용량은

$$10,460 + 15,000 = 25,460 J/°C$$

이다. 열량계의 초기온도 T_1이 $25°C$라고 생각해보자.

1g의 옥탄을 '봄' 내부에 넣고 스파크를 주어 발화시킨다.
옥탄이 연소한다. 열이 열량계 전체로 퍼진다. 온도계를 점검한다.
그리고 $T_2 = 26.88°C$인 것을 알아낸다. 그러면

$$\Delta T = T_2 - T_1 = 1.88°$$

기막힌 마법의 식은

$$q = -C_{열량계}(\Delta T) \text{ 인데,}$$

각 수치를 대입하면

$$q = -(25,460 J/°C)(1.88°C) = -47,800 J$$
$$= -47.8 kJ$$

이므로, 우리의 결론은 옥탄이 탈 때 $47.8 kJ/g$의 열이 방출된다는 것이다.

엔탈피 Enthalpy

봄열량계는 훌륭하고 멋있고 환상적이지만 별로 실질적이지 못한데 반응이 일어나는 용기를 밀봉해야 하기 때문이다. 봄에서 일어나는 반응 중 어떤 것은 높은 압력을 일으켜 온도에도 영향을 줄 수 있다.

예를 들어 열린 공간에서 폭발이 일어나면 발생된 기체가 빠른 속도로 확산하면서 주위의 공기를 바깥으로 밀어낸다. 다르게 표현하자면 기체가 주위에 **일**(work)을 한다는 것이다.

그런 경우에 반응의 에너지 변화 ΔE에는 **일**과 **열**의 2가지 요소가 있다.

$$\Delta E = \Delta H + 일$$

공기를 바깥쪽으로 밀어내는 작용은 반응생성물들을 식히는 효과가 있다.

여기서 ΔH는 반응을 대기 중에서 시행할 때의 열 변화를 뜻한다.

봄열량계에서 반응을 시키면 폭발이 일정한 부피의 공간에 제한되기 때문에 기체가 하는 일이 0이다. **전체** 에너지가 열로 방출된다.

$$\Delta E = q$$

이고,

$$q = \Delta H + 일$$

그러므로

$$q > \Delta H$$

봄 안에서의 열 변화가 대기 중에서 일어나는 반응보다 더 크다.

이제부터 우리는 반응들이 모두 대기 중에서, 즉 **일정한 압력조건**에서 일어나는 것처럼 다룰 것이다. 이런 경우에 흡수 또는 방출된 열은 **엔탈피 변화**라고 하며 ΔH로 표기한다.

아마도 화학 전체를 통틀어 제일 멋 없는 단어일 거야!

엔탈피 변화를 측정하려면 일정 압력을 유지하는 열량계를 사용하면 된다.
측정과정은 봄열량계를 사용하는 경우와 같다.
초기온도 T_1와 최종온도 T_2를 측정하고 T_2-T_1에 열량계의 열용량을 곱해준다.

예1

흑색 화약의 폭발(여기서는 앞에서 보여준 것보다 더 사실적인 식을 사용한다).

$$4KNO_3(s) + 7C(s) + S(s) \longrightarrow 3CO_2\uparrow + 3CO\uparrow + 2N_2\uparrow + K_2CO_3(s) + K_2S(s)$$

열용량이 337.6kJ/°C로 알려진 열량계가 있다고 하자. 500g의 분말을 가지고 시작한다.
온도 변화 ΔT가 4.78°C인 경우를 계산하면

$$\Delta H = -(337.6 \text{ kJ/°C})(4.78°C)$$
$$= -1614 \text{ kJ}$$

이고, 이로부터 1g당 엔탈피 변화($\Delta H/g$)를 얻으려면

$$\Delta H/\text{gram} = \frac{-1614}{500} = -3.23 \text{ kJ/g}$$

예2

여기에 열을 흡수하는 반응이 있다.

$$CaCO_3(s) \xrightarrow{\Delta} CaO(s) + CO_2\uparrow$$

위의 흡열반응을 계속할 수 있을 정도로 충분히 뜨거운 열량계를 가지고 시작한다.
끝에 가면 열량계가 반응을 시작할 때보다 **차갑다**. 1몰의 $CaCO_3$를 사용했다면

$$\Delta T = -0.53°C$$

그러므로

$$\Delta H = -(337.6 \text{ kJ/°C})(-0.53°C)$$
$$= 179 \text{ kJ/mol}$$

열을 방출하는 반응을($\Delta H < 0$) **발열**(exothermic)**반응**이라 한다.
주위에서 열을 흡수하는 반응은($\Delta H > 0$) **흡열**(endothermic)**반응**이라 한다.

생성열 Heats of Formation

훌륭해! 이제 우리는 거의 모든 반응에서 ΔH를 측정할 수 있게 되었어! 그리 많은 반응들이 있다는 게 유감이로군…. 시간이 상당히 걸리겠지. 독창적인(또는 게으른) 화학자들이 **지름길**을 생각해낸 것은 다행이다. 엔탈피 변화를 측정하는 대신 **계산**해서 얻을 수 있다.

생성엔탈피라고 부르고 ΔH_f라고 표기하는 기본 개념이 있다. 그것은 1몰의 어떤 물질이 구성 원소들로부터 생성될 때의 엔탈피 변화를 가리킨다. 예를 들어 1몰의 물이 수소와 산소로부터 생길 때 열량계를 사용하여 반응열을 측정한다.

$$H_2(g) + \tfrac{1}{2}O_2(g) \longrightarrow H_2O(l) \quad \Delta H_f = \Delta H = -285.8 \text{ kJ/mole}$$

모든 물질은 생성열을 가지는데 이것은 측정하거나 추론으로 정할 수 있다. 모든 원소들이 가장 안정된 형태로 존재할 때 각각의 생성엔탈피 ΔH_f는 0이다.

물질	ΔH_f, KJ/mol
$CO(g)$	-110.5
$CO_2(g)$	-393.8
$CaCO_3(s)$	-1207.6
$CaO(s)$	-635.0
$H_2O(l)$	-285.8
$H_2O(g)$	-241.8
$S(s)$	0
$KNO_3(s)$	-494.0
$K_2CO_3(s)$	-1151.0
$C_3H_5(NO_3)_3(l)$	-364.0
$N_2(g)$	0
$O_2(g)$	0

생성열을 우리는 어떻게 사용하는가? 요점은 이렇다.
어떤 반응을 생각해보라. '반응물질 → 생성물질'.
이것을 **2개의 잇따른 반응**으로 상상해보라.
'반응물질 → 구성원소 → 생성물질'.

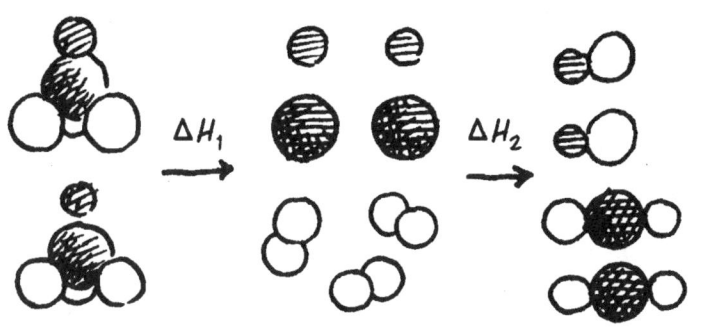

반응물질들을 구성원소로
쪼개는 과정의 열 변화는
반응물질들의 생성엔탈피 합에
부호를 바꾼 값을 가진다.

$$\Delta H_1 = -\text{모든 반응물질의 } \Delta H_f \text{의 합}$$

생성물질들을 다시 만드는 과정의
열 변화는 각 생성물질의
생성엔탈피의 합과 같은 값이다.

$$\Delta H_2 = \text{모든 생성물질의 } \Delta H_f \text{의 합}$$

전체 반응의 엔탈피 변화는 그렇다면 2가지 중간반응의 엔탈피 변화의 합과 같다.

$$\Delta H = \Delta H_1 + \Delta H_2$$
$$= \Delta H_f(\text{생성물}) - \Delta H_f(\text{반응물})$$

위의 식이 보여주는 것은 어떤 반응에서거나
ΔH는 단순히 반응물질들과 생성물질들의
생성엔탈피 차이라는 것이다.

그런데 이것은 **헤스의 법칙**(Hess's Law)이라는 원리의 한 예이다.
엔탈피 변화는 초기와 최종의 상태에 의존할 뿐 중간 상태와는 아무 상관이 없다.
어떤 반응에 중간과정들이 존재한다면 ΔH는 중간 엔탈피 변화 값들의 합이 된다.

예

석회암을 가열하면 생석회가 된다.

$$CaCO_3(s) \xrightarrow{\Delta} CaO(s) + CO_2\uparrow \quad \Delta H = ?$$

4장의 질량-균형표와 비슷한 에너지-균형표를 만든다. 106쪽의 표에서 생성열을 찾아 적는다.

반응물	n = 몰수	ΔH_f	$n\Delta H_f$	생성물	n	ΔH_f	$n\Delta H_f$
$CaCO_3$	1	-1207.6	-1207.6	CaO	1	-635	-635
				CO_2	1	-393.8	-393.8
			-1,207.6				-1,028.8

그래서 $\Delta H = \Delta H_f(생성물) - \Delta H_f(반응물)$

$= -1028.8 - (-1207.6) = 1207.6 - 1028.8$

$= 178.8$ kJ (CaO 1몰당 생성된 반응)

이 값을 사용해서

니트로글리세린의 폭발

$$4C_3H_5(NO_3)_3(l) \longrightarrow 6N_2\uparrow + O_2\uparrow + 12CO_2\uparrow + 10H_2O\uparrow$$

반응물	n	ΔH_f	$n\Delta H_f$	생성물	n	ΔH_f	$n\Delta H_f$
$C_3H_5(NO_3)_3$	4	-364	-1456	N_2	6	0	0
				O_2	1	0	0
				$H_2O(g)$	10	-241.8	-2418.0
				$CO_2(g)$	12	-393.8	-4725.6
합			-1456				-7143.6

$\Delta H = -7143.6 - (-1456) = -5687.6$ kJ   4몰의 니트로글리세린 반응.

1몰의 니트로글리세린은 1/4의 열 발생.

$\Delta H/mole = (-5687.6)/4 = -1421.9$ kJ/mol

1몰의 니트로글리세린은 227g이므로 1g당 ΔH를 계산할 수 있다.

$\Delta H/g = (-1421.9)/227 = -6.26$ kJ/g

천연가스 메탄(CH_4)의 연소

$$CH_4(g) + 2O_2(g) \rightarrow CO_2(g) + 2H_2O(g)$$

반응물	n	ΔH_f	$n\Delta H_f$	생성물	n	ΔH_f	$n\Delta H_f$
CH_4	1	−74.9	−74.9	$CO_2(g)$	1	−393.8	−393.8
				$H_2O(g)$	2	−241.8	−483.6
합			−74.9				−877.4

$\Delta H = -877.4 - (-74.9) = -802.5$ kJ/mol 또는 약 -50.2 kJ/g

위의 같이 O_2가 산화제로 작용하는 산화−환원반응에서의 엔탈피 변화를 **연소열**이라고 한다. 연소반응들은 매우 큰 열을 방출한다.

예를 들어 수소를 태우면 286kJ/mol 또는 143kJ/g(=물의 생성열, 106쪽 참조)의 열을 방출한다. 다른 물질의 연소열이 kJ/g 단위로 표에 나와 있다.

수소	143
천연가스(CH_4)	50
휘발유	48
원유	43
석탄	29
종이	20
건조한 생물질	16
공기 건조한 목재	15

5장에서 우리는 2개의 다른 배경에서 열 변화를 살펴보았다.
하나는 온도 변화와 관련된 것이고 두 번째는 반응과 관련해서다.
6장에서 우리는 또 다른 놀라운 곳에서 열을 발견할 것이다.
상태(state)의 변화가 그것이다.

어떤 물질이 고체 상태에서 액체로 (또는 액체에서 기체로, 기체에서 고체로 등) 바뀔 때
열을 가하거나 뺏어가는데, 이 과정은 온도의 변화 없이 일어난다.
다른 말로 하면 때로는 열이 온도가 아니라 **구조**를 변화시킬 수 있다는 것이다.

이 수수께끼를 이해하려면 우리가 고체, 액체, 기체의 세상에 더 깊게 들어가는 게 필요하다.

Chapter 6
물질의 상태

별의 내부처럼 특별한 상황이 아닌 보통 조건에서는 물질은 3가지 상태로 존재한다. 바로 고체, 액체, 기체이다.

고체에서는 입자들이 서로 단단한 구조에 갇혀 있다.
고체는 특정한 모양과 부피를 둘 다 가지고 있다.

액체에서는 입자들이 서로 가까이 있긴 하지만
전체적인 구조가 없다.
액체는 특정한 부피를 가지고 있지만
모양은 용기에 따라 달라진다.

기체에서는 구조라는 것이 없다.
입자들은 거의 완전히 독립적으로 날아다닌다.
또한 기체는 고정된 모양도 부피도 없기 때문에
어떤 용기에서라도 팽창하여 그 안을 가득 채운다.

고체와 액체를 묶어두는 것은 무엇일까?
답은 구성 입자들 사이에 작용하는
분자간 힘(intermolecular forces : IMF)이다.
이 힘은 (분자 내의 결합과는 대조적으로)
분자간 인력이다.

우리가 이미 알아본 IMF 중 하나는 **수소결합**이다.
물분자에서 전자들은 산소원자에 더 가까이 머물고 있기 때문에
수소원자가 결과적으로 양전하를 띠게 된다.
이 양전하 때문에 물분자가 다른 물분자의 음극으로 끌려가는 것이다.

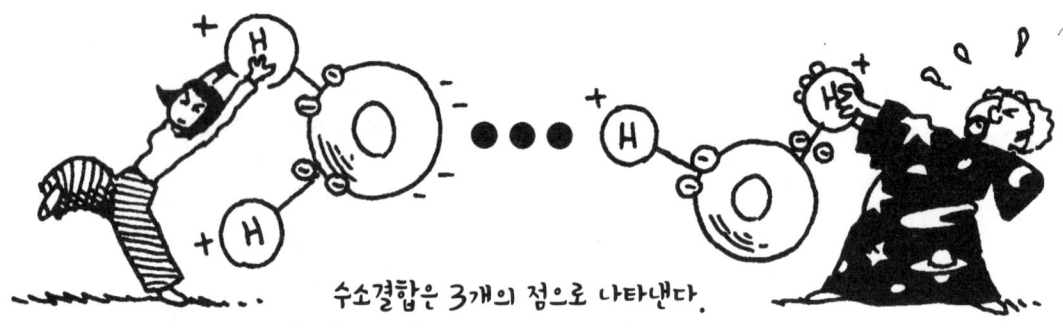

수소결합은 3개의 점으로 나타낸다.

물은 전기적으로 두 극을 가지기 때문에 **쌍극자**라고 부른다.
많은 다른 분자들 또한 쌍극자이고 서로의 한쪽 끝을 하전된 끝으로 끌어당긴다.
쌍극자는 이온도 끌어당길 수 있다.

쌍극자—쌍극자 상호작용 　　　 이온—쌍극자 상호작용

비극성인 분자도 쌍극자가 될 수 있다. 예를 들어 이온이 어떤 분자에 가까이 갈 때 이온의 전하는 분자의 전자를 한쪽 끝으로 밀거나 당길 수 있다.
분자는 **유도쌍극자**가 되고 한쪽 끝은 이온이 있는 쪽으로 끌려간다.
쌍극자도 다른 쌍극자를 유도할 수 있다(쌍극자간 인력).

원자나 분자 안에서의 전자들이 유령같이 움직이는 것조차도 '순간' 쌍극자를 만들 수 있는데 이것은 또다시 근처에 있는 원자나 분자를 쌍극자로 유도하고 계속 이런 과정을 반복한다.
결과적으로 이로 인해 퍼져가는 인력을 **런던분산력**(London dispersion force)이라고 한다.

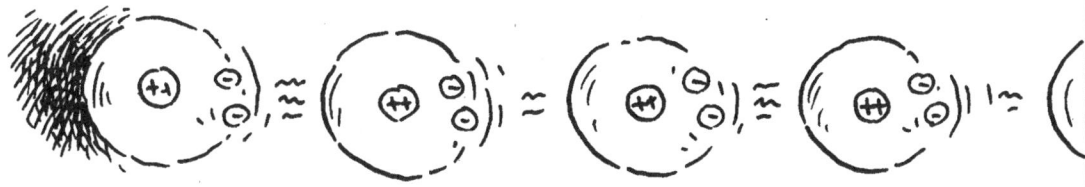

일시적인 전하 불균형이 쌍극자-쌍극자 상호작용을 전파하기 시작한다.

이런 인력은 **분자간** 힘이라고 불리고 있지만 분자에만 작용하는 것이 아니다.
비활성기체 원자들도 런던분산력을 느낀다.

이제부터 표현을 조금 폭넓게 해서 가끔 IMF를 하나의 결합으로 간주할 것이다.
결합이든, IMF든 이들은 모두 입자들 사이의 전기적인 인력이다!

다음 표에는 서로 다른 인력의 세기가 요약되어 있다.
결합의 **세기**는 그 결합을 끊는 데 필요한 에너지를 의미한다.

강한 인력 strong attractions

결합세기

이온결합   300 - 1000 kJ/mol
　이온-이온결합.

금속결합   50 - 1000 kJ/mol
　금속이온들 사이에서 전자를 공유한다.

공유결합   300 - 1000 kJ/mol
　전자를 공유한다.

중간 인력 moderate attractions

수소결합   20 - 40 kJ/mol
　한 분자 안에서의 노출된 양성자는
　근처에 있는 분자의, 음으로 하전된 원자를 끌어당긴다.

이온-쌍극자 상호작용   10 - 20 kJ/mol

약한 인력 weak attractions

쌍극자-쌍극자 상호작용   1 - 5 kJ/mol

이온-유도쌍극자 상호작용   1 - 3 kJ/mol

쌍극자-유도쌍극자 상호작용   0.05 - 2 kJ/mol

순간 쌍극자-유도쌍극자 (분산력)   0.05 - 2 kJ/mol

유의 : 분산력은 원자가 클수록 센데, 이런 경우 밀어버릴 수 있는 전자들이 더 많고 전자들이 핵에서 더 멀리 떨어져 있기 때문에 더욱 쉽게 밀어버릴 수 있는 것이다.

얼음이 녹는 것을 본 사람이라면 누구나 온도가 상태에 영향을 미친다는 것을 안다.
모든 것은 온도를 충분히 높이면 기체가 된다.
충분히 높다는 말이 얼마나 뜨거운 것인지는 물질의 결합과 IMF의 세기에 따라 다르다.

와! 뜨거운 시선을 받는 냄비가 정말로 끓네요!

자네 이러다 소문나겠어….

약한 IMF를 가진 물질들은 아주 낮은 온도에서만 고체 또는 액체일 수 있다. 이때 입자들은 느리게 움직인다.

온도가 상승하면 분자 운동이 IMF에 무리를 준다. 분자간 힘이 약하다면 물질은 액체나 기체가 되어야만 한다.

뚝!

반대로, 강하게 결합된 물질들은 수천 °C의 온도에서조차도 고체로 남을 수 있다.

달리 말하자면,
약한 IMF를 가진 물질들은
더 낮은 온도에서 녹고 끓는
반면에 강한 결합을 가진 것들은
더 높은 온도에서 녹고 끓는다.
수소결합을 가진 물은
그 사이 어딘가에 있다.

물질	힘	결합세기 (kJ/mol)	녹는점 (°C)	끓는점 (°C)
Ar	분산력	8	-189	-186
NH_3	수소결합	35	-78	-33
H_2O	수소결합	23	0	100
Hg	금속결합	68	-38	356
Al	금속결합	324	660	2467
Fe	금속결합	406	1535	2750
NaCl	이온결합	640	801	1413
MgO	이온결합	1000	2800	3600
Si	공유결합	450	1420	2355
C (다이아몬드)	공유결합	713	3550	4098

IMF가 (거의) 전혀 없는 상태가 물질의 가장 간단한 상태이다.

실제기체와 이상기체 Gas, Real and Ideal

기체입자들은 자유롭게,
혹은 거의 그렇게 빠른 속도로
움직인다. 입자들은 서로 부딪치면
IMF를 받게 되는데, 이로 인해
충돌이 약간 '비탄성이 된다'.
즉 인력을 극복하면서
운동에너지를 약간 잃는 것이다.

이론적인 이유 때문에 화학자들은 이런 작은 문제를 무시하고 **이상기체**를 생각한다.
이상기체의 경우 모든 입자들은 동일하고 자유롭게 빨리 움직이며
모든 충돌은 탄력적, 즉 **탄성**이다. 운동에너지가 보존된다는 뜻이다.

이상기체의 성질

n 몰수, 1몰은 6.02×10^{23}개의 입자를 뜻한다.

V 부피

T 절대온도

P 압력

압력은 **단위면적당 힘**으로 정의된다. 좁은 면적에 가해지는 힘은 넓은 면적에 퍼지는 힘보다 더 큰 효과를 낼 수 있다. 우리는 그런 이유에서 뾰족한 바늘 대신 평평한 의자에 앉는 것이다. 같은 힘(몸무게)이지만 면적이 다르기 때문이다.

기체는 그 입자들이 물질에 부딪치기 때문에 압력을 행사하고 있다.

면적을 배로 하면 충돌횟수도 2배가 되어 힘이 2배로 되기 때문에 힘과 면적이 함께 커진다. 따라서 압력은 기체의 어디에서나 일정하다.

$$압력 = \frac{힘}{면적}$$

우리 주위에 있는 공기는 대기압을 행사한다. **1기압**(1atm)은 해수면에서의 (평균) 압력이다. 미터단위로 환산하면 다음과 같다.

$$1 \text{ atm} = 101{,}325 \text{ N/m}^2$$
$$= 10.1325 \text{ N/cm}^2$$

대기압은 엄청나게 크다!
이것이 모든 방향에서 누르고 있기 때문에 우리가 못 느낄 뿐이다.
말을 이용한 게리케의 실험을 다시 생각하면서 대기압의 진가를 인정하도록 하자.

내가 만약 바람을 업고 있다면….

기체법칙 Gas Laws

예상할 수 있는 일이지만 n, T, V, P가 모두 서로 연관되어 있다. 예를 들어 다른 것들이 모두 일정하게 유지된다면 입자가 많아지면 더 큰 부피를 차지할 것이라 예상할 수 있다. 실제로도 그러하다.
이것은 사실 법칙인데, 3가지 중에서도 알파벳순으로 나열했을 때 첫 번째에 해당하는 것이다.

A   **아보가드로의 법칙**
T와 P가 일정하면 압력은 몰수에 비례한다.

$$\frac{n_1}{V_1} = \frac{n_2}{V_2}$$

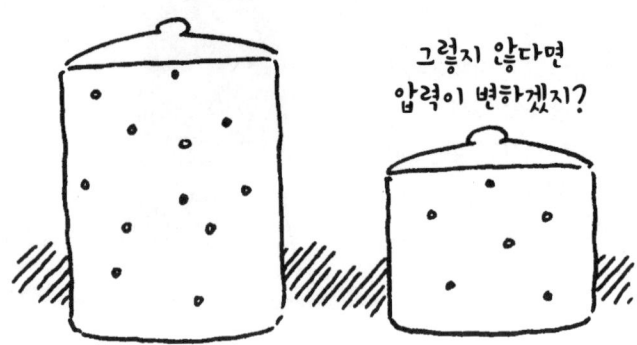

그렇지 않다면 압력이 변하겠지?

이것은 기체의 어떤 일정 양이 (고정된 T와 P에서) 어떤 기체인지와 상관없이 항상 같은 수만큼의 분자를 가지고 있음을 암시한다!
이 사실로 인해 19세기의 화학자들이 처음으로 원자량을 구할 수 있었다.

B   **보일의 법칙**
n과 T가 일정하면 부피는 압력에 반비례한다.

$$P_1 V_1 = P_2 V_2$$

C   **샤를의 법칙**
n과 P가 일정하면 부피는 온도에 비례한다.

$$\frac{V_1}{T_1} = \frac{V_2}{T_2}$$

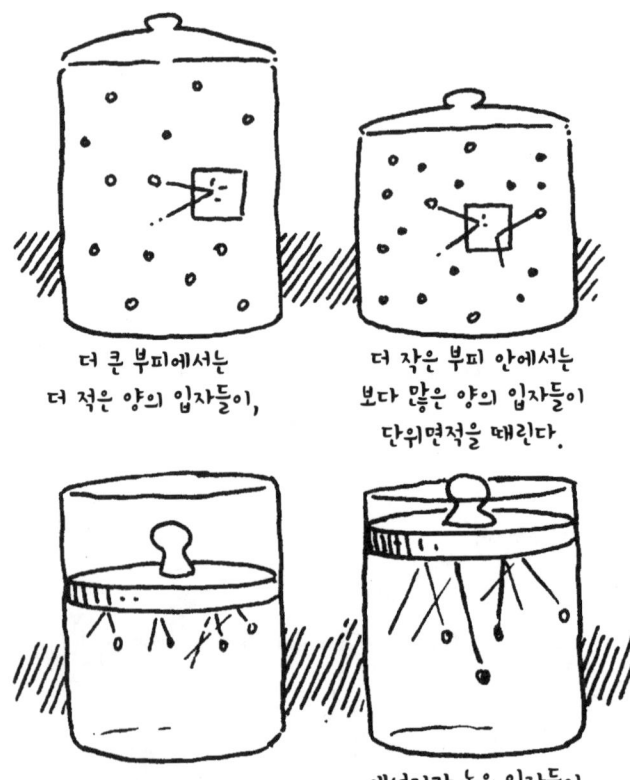

더 큰 부피에서는 더 적은 양의 입자들이, 더 작은 부피 안에서는 보다 많은 양의 입자들이 단위면적을 때린다.

T가 올라가면, 에너지가 높은 입자들이 피스톤을 위로 밀어 올린다.

이 모든 법칙들은 네 변수 모두의 연관성을 결합시키는 하나의 식으로 합칠 수 있다.
이 식을 **이상기체법칙**이라 하고 다음과 같이 나타낸다.

$$PV = nRT$$

이 중 두 변수를 고정하면 다른 두 변수들의 관계를
앞쪽의 A, B, C 법칙에서 주어진 것처럼 확인할 수 있다.

R은 다음과 같이 구할 수 있다. 먼저 실험적으로 기체 1몰의(아보가드로에 따르면 어떤 기체도 좋다!)
부피를 결정한다. 0°C(=273K), 1atm에서는 기체 1몰이 22.4L의 부피를 차지한다는
결과를 얻게 된다. 따라서,

n = 1 mol
T = 273 K
P = 1 atm
V = 22.4 L

이상기체의 상태방정식에 대입하면

$(1 \text{ atm})(22.4 \text{ L}) = (1 \text{ mol}) R (273 \text{ K})$

따라서

$R = (22.4/273)$ atm-L/mol K
$= 0.082$ atm-L/mol K

다음 두 조건은 표준 온도와 압력
(standard temperature and pressure : STP)으로
알려져 있다.

T = 0°C
P = 1 atm

예

흑색 화약 1g이 폭발할 때 만들어지는 기체의 부피는 얼마인가?

$$4KNO_3(s) + 7C(s) + S(s) \longrightarrow 3CO_2\uparrow + 3CO\uparrow + 2N_2\uparrow + K_2CO_3(s) + K_2S(s)$$

$$3 + 3 + 2 = 8 \text{ mol (기체)}$$

좌변에 있는 몰질량은 520g인데 이것은 기체 8몰을 만든다. 즉 화약 1g은

$$(1/520)(8) = 0.015 \text{ 몰의}$$

기체를 생성한다. 그러므로 n=0.015, P=1atm이고 온도 T는 실험을 통해 볼 수 있듯이 약 2,250K이다.

부피에 대해 풀면,

$$V = \frac{nRT}{P}$$

$$= \frac{(0.015 \text{ mol})(0.082 \text{ atm-L/mol K})(2250°)}{1 \text{ atm}}$$

$$= 2.8 \ell$$

뜨거운 기체의 급격한 팽창=폭발

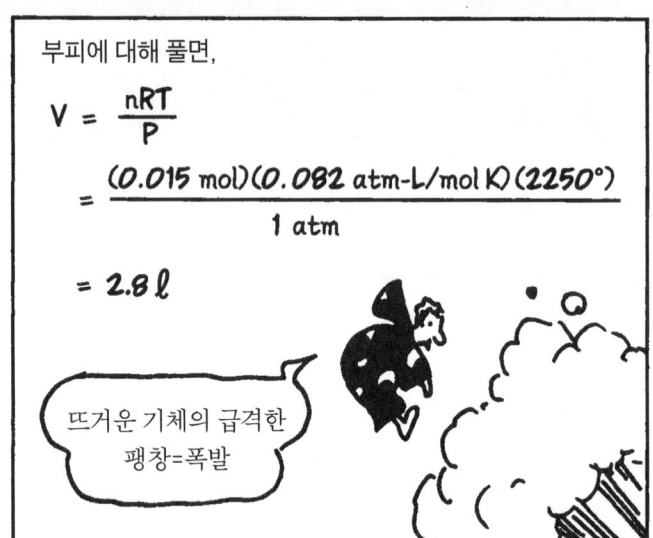

우리가 측정하는 화약 1g은 0.8mL정도 되는 아주 작은 부피를 차지한다.

방출된 기체는 이 부피의 (2,800)/(0.8)=3,500배로 팽창한다! 이 기체를 부피가 1mL(=0.01L)인 꾸러미에 가두고 싶다면 압력은,

$$P = \frac{nRT}{V}$$

$$= \frac{(0.015)(0.082)(2250)}{(0.001)}$$

약 **2,800** atm 이 될 것이다.

우와!

몸에도 좋지 않을 텐데 폭발하려는 저 집념이 도대체 뭐야?

액체 Liquids

액체는 IMF 때문에 까다로운 양상을 보인다. 때문에 '이상액체'라는 것은 없다.

액체는 피부를 가지고 있는 것처럼 행동한다. 표면의 분자들에 작용하는 인력, 즉 **표면장력**은 액체 표면을 내부의 분자들보다 더 단단하게 결합시킨다. 이 사실로 벌레들이 어떻게 물 위에 걸어 다닐 수 있는지 설명할 수 있다.

액체는 가열될 때 팽창한다. 분자들이 더 빨리 움직임에 따라 서로에게 더 멀리 떨어지게 된다. 그래서 온도계를 만들 수 있는 것이다. 수은이든, 무엇이든 간에 액체는 따뜻해지면 관을 따라 팽창하고 차가워지면 부피가 줄어들기 때문이다.

증발과 응축
Evaporation and Condensation

대부분의 액체에서는
분자 운동이 결합력을 극복할 수 있다.
그런 경우에는 몇몇 분자들이
표면을 탈출하고 **증발**하게 된다.
반대로, 에너지가 적은 증기분자들이
액체로 모일 수 있다.
즉 **응축**할 수 있다는 것이다.

분자가 기화될 때 액체 내에 존재하는 인력(결합력, IMF)을 깨기 위해 주변에서 에너지가 흡수되어야 한다.
증발은 흡열반응이다.

$$\text{액체} \longrightarrow \text{기체} \quad \Delta H > 0$$

다시 말해서, 기체는 액체보다
물질의 더 높은 에너지 상태에 있다.

예를 들어 물의 증발열은(1atm, 25°C에서) 44kJ/mol이다.
이는 H_2O(액체) → H_2O(기체) '반응'의 엔탈피(생성엔탈피) 변화이다.

이것이 바로 땀 흘리는 게
효과적인 이유이다.
땀을 증발시키면
몸에서 열이 빠져나가기
때문이다.

이런 44kJ/mol을 아주 훌륭하게 간단히 응용한 것은
나이지리아의 도예가 **모하마드 바 아바**의 냉각냄비다.

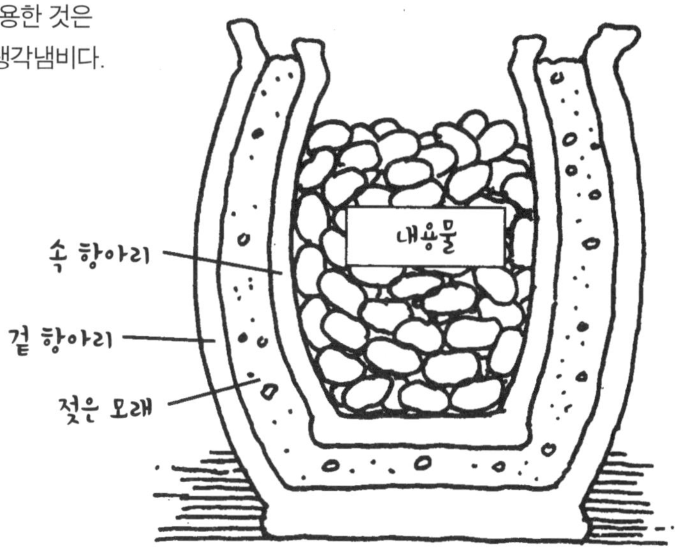

- 속 항아리
- 겉 항아리
- 젖은 모래
- 내용물

점토 항아리(도자기) 하나가 다른 점토 항아리 안에
들어 있는데 그 사이에는 젖은 모래층이 있다.
겉에 있는 항아리에는 유약을 칠하지 않았고
다공성이다.

건조한 환경에서는 젖은 모래층이 증발하면서
겉 항아리의 구멍들을 통해 밖으로 빠져나간다.
이 과정에서 장치의 열을 내보내게 된다.

내부의 온도는 밖의 온도보다
14℃나 더 내려갈 수 있다.
그러니 이 냄비가 냉장고를 살 여유가
없는 사람들이 대부분인 사막 지대에서
생명의 은인이나 마찬가지이다.

이제 일정한 온도에서 닫힌 용기 안의
액체를 생각해보도록 하자.
액체가 증발할 때 증기가 생기고,
이런 증기 중 일부분이 곧 응축하기 시작한다.

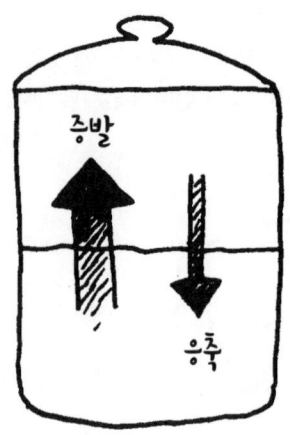

처음에는 증발이 응축보다 훨씬 빠르지만 결국, 응축이 그 속도를 따라잡게 된다.
두 과정이 정확히 균형을 이룰 때 액체와 기체의 양에 알짜 변화가 없다.
그때 두 상태가 서로 **평형**에 있다고 하고, 이것을

액체 ⇌ 증기로 표기한다.

아무것도 일어나지 않는 것처럼 보이지만 사실은 2가지 일이 동시에 일어나고 있는 거지!

동일한 속도

증기에 따른 추가적인 압력은
그 증기의 **부분압력***이라고 한다.
증기가 형성되면서 부분압력은
평형에 이를 때까지 꾸준히 증가한다
(n은 커지고 V, T는 그대로다).
평형에서는 이 부분압력이

증기압 이다.

이는 증기가 '도달하고자 하는'
압력이다.

운동이 더 활발한 분자들이 증발하고자 하는 '욕구'가
더 강하기 때문에 증기압(P_v)은 온도에 비하여 높아진다.

와! 욕구가 엄청난걸!

물의 증기압

T (°C)	P_v (기압)
0	0.006
20	0.023
40	0.073
60	0.197
80	0.467
90	0.692
100	1.00
200	15.34
300	84.8

기체 혼합물의 전체압력은 부분압력을 모두 합한 값이다.

증기압은 증기가 '도달하려고 하는' 압력이다. 그런데 액체가 아무리 많은 증기를 내놓아도 증기의 압력이 P_v에 도달하지 않는다면 어떻게 되겠는가? 이런 경우에는 증발이 무한정 일어나고 **액체가 끓는다**.

액체가 끓는지 안 끓는지는 액체 밖의 전체압력, 즉 **외부압력**에 따라 달라진다. 이것을 P라고 하자.

증기압 P_v가 P보다 작을 때 평형이 가능한데 이것은 P_v를 실제로 증기의 부분압력으로 생각할 수 있기 때문이다.

여기서 H_2O 분자들은 그저 공기의 일부이고 이대로 행복하답니다!

P가 P_v보다 작다면 증기의 부분압력 또한 P_v보다 작을 것이고 끓음이 일어나게 된다.

즉 끓음은 정확히 **증기압이 외부압력과 같을 때** 시작한다.

이 모든 것을 액체-기체 도표로 나타내보자.
가로축은 온도(T), 세로축은 압력(P)을 나타낸다.
주어진 (T, P)에서 물질이 액체인지 기체인지 알 수 있다.

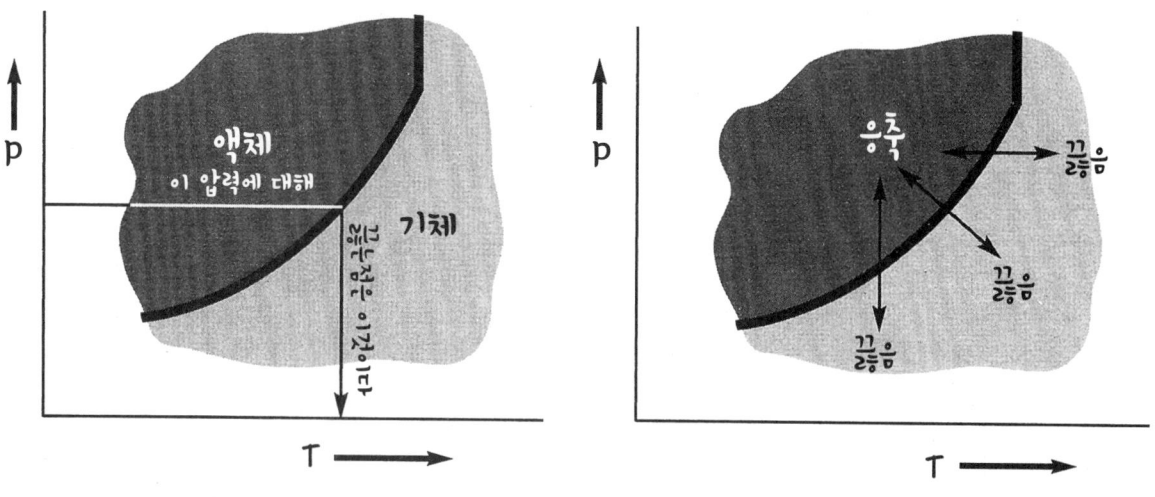

곡선은 한계점을 가지고 있다. 모든 액체는 특징적인 **임계온도**(critical temperature)를 가지는데
이것은 액체 상태가 존재할 수 있는 가장 높은 온도이다.
임계온도 이상에서는 압력이 아무리 높아도 액체가 끓는 것을 막을 수 없다.

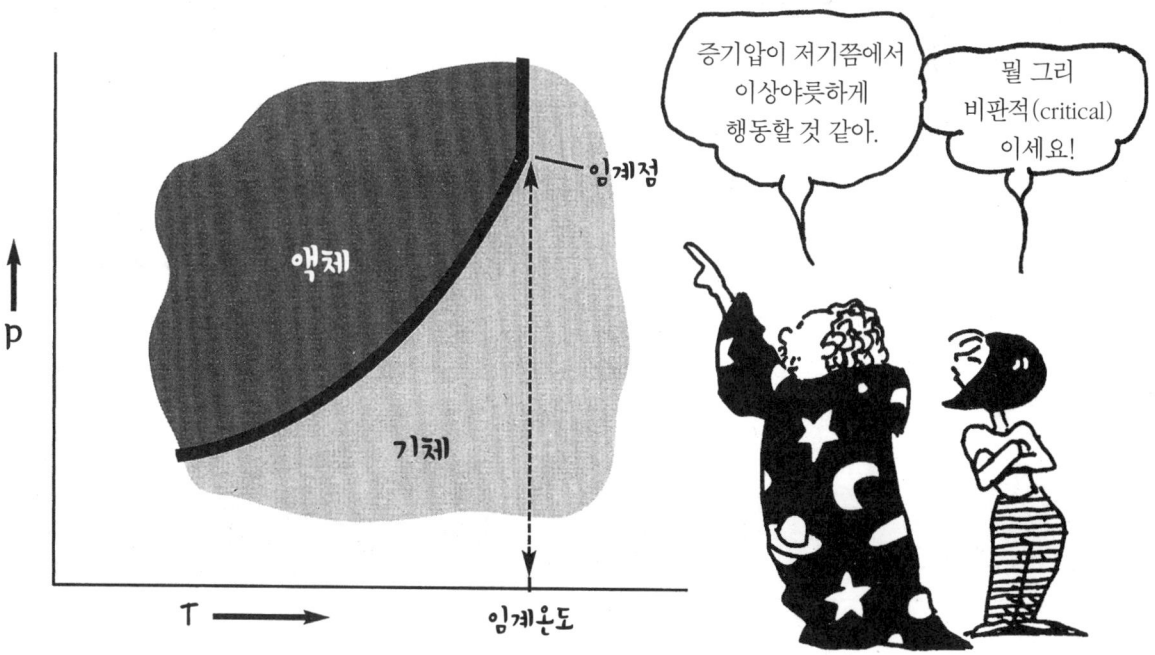

고체 녹이기 Melting Solids

많은 액체들은 증발해서 공기 속으로 사라진다. 증기가 달아나기 때문에 표면 가까이에 압력이 쌓이지 않고 따라서 증발은 계속해서 무한정 일어나게 된다.

부분압력은 표면에서 P_v이지만 더 높은 데서는 P_v보다 작기 때문에

분자들은 계속해서 떠나간다.

그에 반해, 고체에서는 탈출할 수 있을 정도로 충분한 에너지를 가진 입자들이 거의 없다. 증기압력이 너무 낮아서 대체로 우리가 고체의 냄새를 맡지 못하는 것이다. 여러 경우에는 증기압력이 평생 0이다. 다이아몬드의 경우에는 영원히 그러하다.

누가 알아? 우리가 충분히 오래 기다리고 있으면 뭔가 일어날지도….

우리가 다 알듯이 고체는 **녹는다**.*
이는 주어진 온도,
즉 녹는점에서 일어나는데
그 값은 고체마다 다 다르다.

로스트비프의 녹는점은 몇 도일까?

이 온도에서는 가해주는 열이 고체가 완전히 녹을 때까지 모두 결합을 끊는 데 소비된다.

녹는 것은 증발과 마찬가지로 흡열반응이다.

$$\text{고체} \longrightarrow \text{액체} \quad \Delta H > 0$$

따라서 엔탈피 변화를 **융해열**이라고 부른다.
얼음의 융해열은 STP에서 6.01kJ/mol이다.

시원하지?

* 보통 그렇다는 말이다. 어떤 것들은 승화한다. 즉 곧바로 기체 상태로 된다는 말이다. 더 자세한 내용은 곧 얘기할 것이다.

외부압력은 녹는점에 영향을 미친다. P와 T축을 가지는 다음 도표에서는 곡선이 P의 각 값에 해당하는 녹는점을 보여준다.

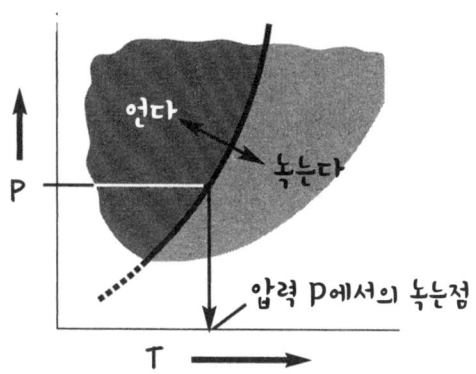

그러나 끓는점보다는 그 효과가 덜 극적이기에 녹는점 곡선은 꽤 가파른 게 보통이다.

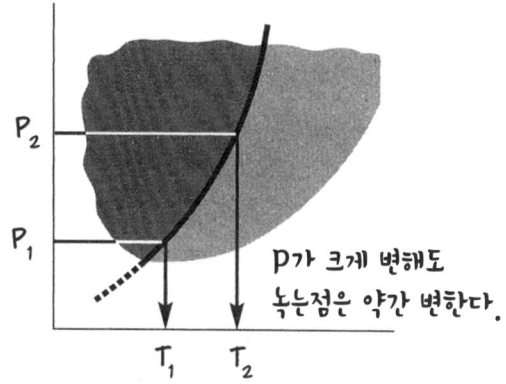

몇몇 특이한 물질에서는 압력을 가하면 실제로 녹는점이 낮아진다. 물이 한 예이다.

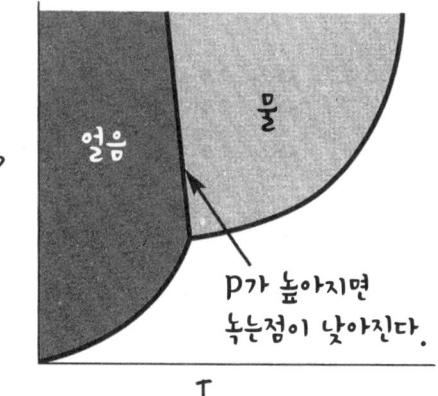

이것은 물이 얼 때 **팽창**하기 때문이다. 얼음의 결정구조에는 예외적으로 빈 공간이 많다.

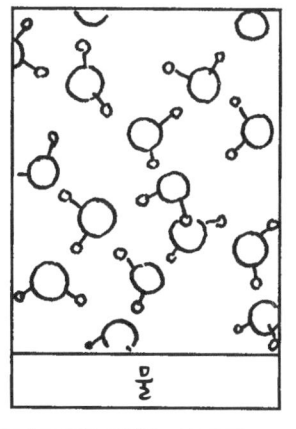 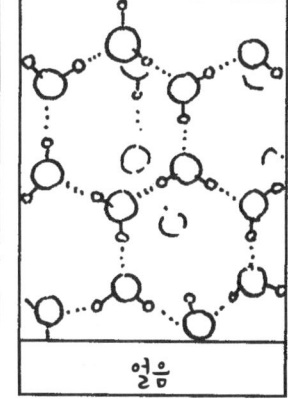

얼음 덩어리를 누르면 결합에 무리가 가게 되고 분자들은 더욱 단단하지만 더 무작위한 배열을 하게 된다. 결과적으로 얼음은 압력을 가하는 지점에서 녹는다.

따라서 대부분의 고체와는 다르게 얼음은 그 액체 형태 위에 떠다닌다. 어는 물은 바위를 깰 수 있고 이 특이한 성질이 우리 주변의 세계상에 깊은 영향을 미친다.

물이 보통의 다른 물질처럼 언다면 스케이트를 이런 식으로 탈 것이다.

상평형그림 Phase Diagrams

앞의 작은 도표들을 합하면 T와 P에 관해 물질의 세 상태에 대한 완전한 그림을 얻을 수 있다.
고체-액체 곡선은 액체-기체 곡선을 **삼중점**에서 만나게 되는데 이 점에서는 3가지 상 모두가 평형에 있다.

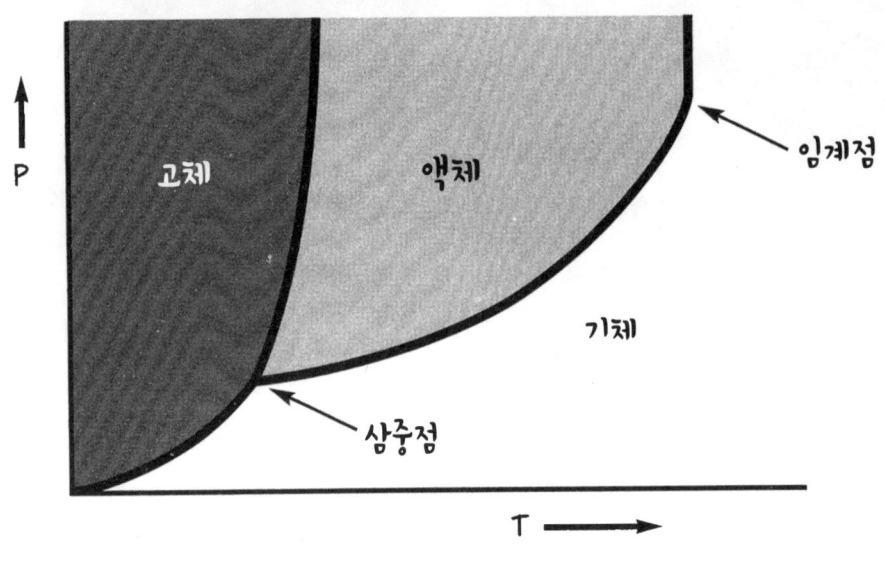

고체가 바로 기체로 변할 수 있는 조건도 있다는 점에 유의하라. 이런 과정을 **승화**(sublimation)라고 한다.
그 역과정인 기체 → 고체도 **승화**(deposition)라고 부른다.*
보통 압력에서 가장 잘 알려진 예는 드라이아이스(CO_2)이다(공연에 연기 일으키는 장치에 사용되는 것 말이다).

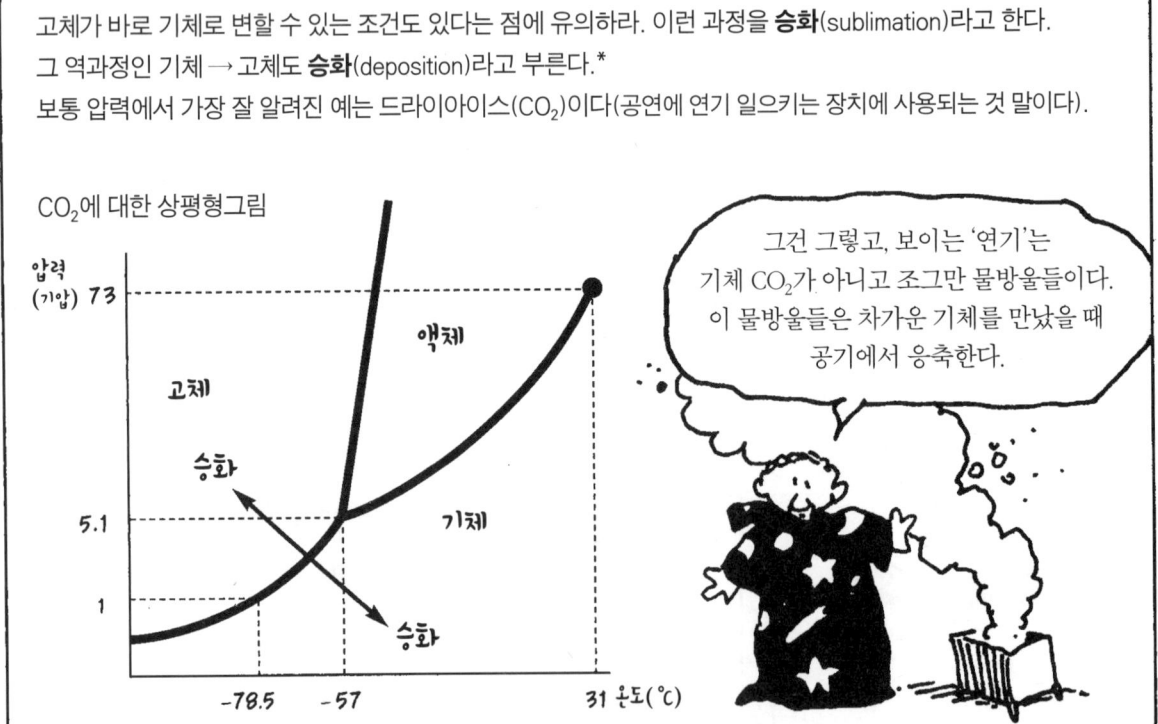

우리말에서는 'sublimation'과 'deposition'을 따로 구분하지 않고 똑같이 '승화'라고 부른다.

다른 두 상평형그림은 물질의 좀더 난해하고 범상치 않은 특징들을 보여주고 있다.
다음은 **탄소**이다.

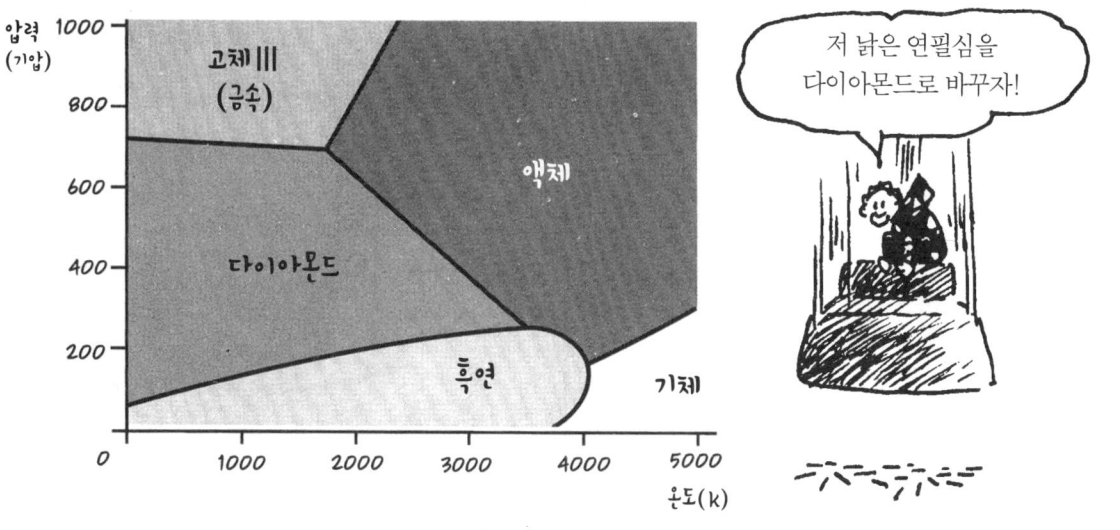

탄소는 **고체 형태가 4가지**인데 각각 다른 결정구조를 가지고 있다. 석탄과 연 심에서 발견할 수 있는 흑연, 고압의 조건에서만 형성되는 다이아몬드 그리고 극히 높은 압력에서만 존재하는 금속이 그 3가지다.
각 결정구조에 대한 기울기가 얼마나 다른지 보아라.

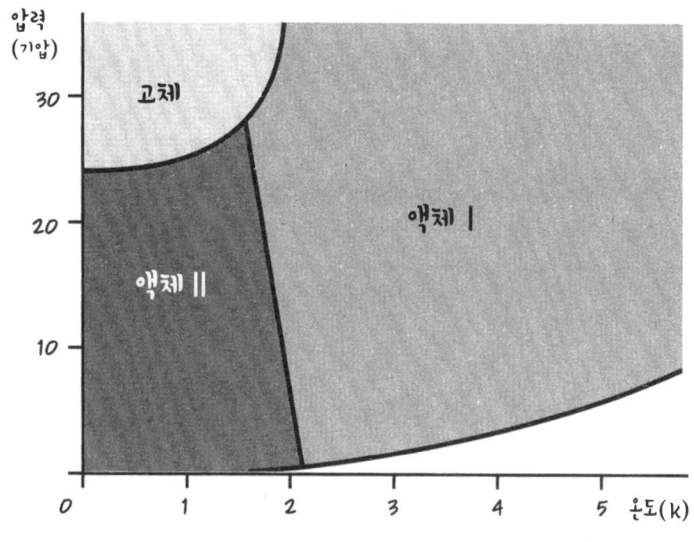

비활성기체 중 가장 가벼운 **헬륨**은 극히 약한 IMF를 가진다.
1기압에서는 끓는점이 4K,
즉 −269°C를 겨우 넘는다.
이 온도에서는 정말 **춥다!!!**

이 온도 아래에서는 액체이고 2.17K 이하에서는 또 다른 형태의 액체이다!
이러한 헬륨 II 는 이상한 성질을 가진 '유체'이다.
이는 점성도(끈적끈적함) 없이 흐르고 아무리 작은 구멍이라도 샐 것이고 용기 벽조차도 타고올라갈 것이다!
헬륨은 고체일도 수 있지만 그러려면 압력이 25기압 이상이어야 한다.
(※ 자세한 내용을 보고 싶다면 http://cryowwwebber.gsfc.nasa.gov/introduction/liquid_helium.html)

가열곡선 Heating Curves

마지막으로 융해열과 증발로 돌아가도록 하자. 얼음이 녹아 물이 되어 끓을 때까지 열을 가할 때 어떤 일이 일어나는지 살펴보자.

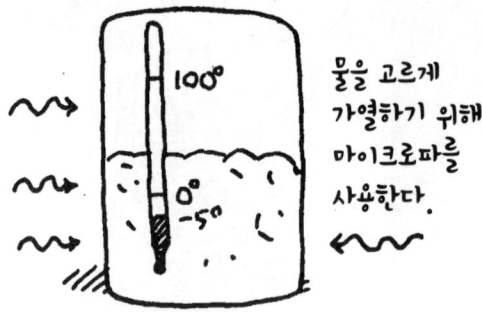

얼음의 초기 온도가 −5°C라고 가정해보자. 열을 가해주면 온도가 0°C에 가까워진다.

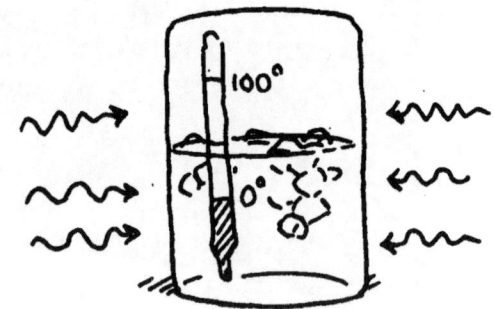

녹는점에서는 열을 계속 가해도 온도가 0°C에서 멈춘다.

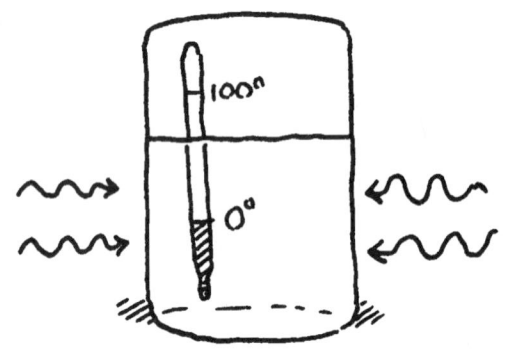

가하는 열은 모두 얼음결정 안에 있는 결합들을 깨는 데 사용된다.

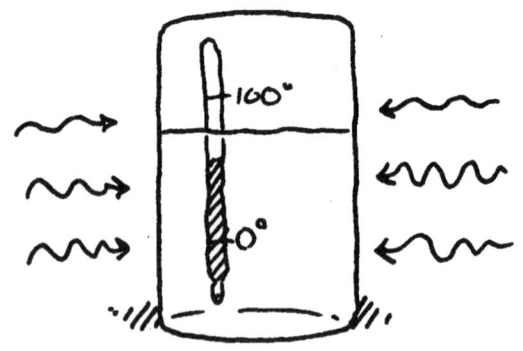

얼음이 완전히 녹아야만 온도가 다시 상승한다.

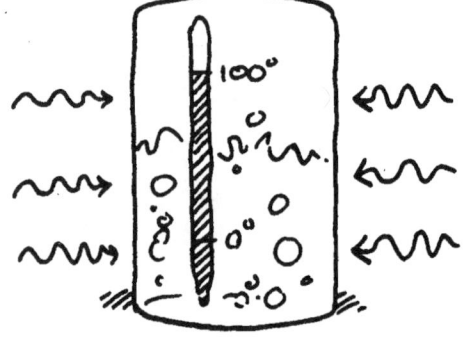

끓는점에서는 온도가 또다시 멈춘다. 열이 상 변화 하나에만 소비되기 때문이다.

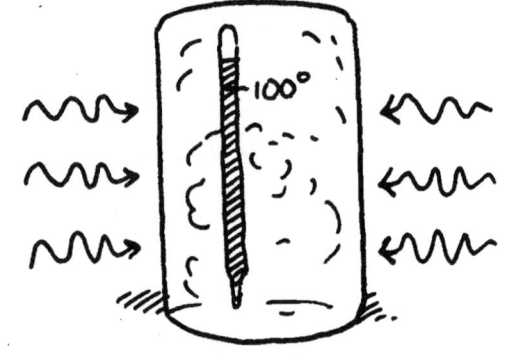

물이 완전히 기화하면 그다음에야 증기의 온도가 상승한다.

앞의 6컷짜리 그림을 다음 **가열곡선**으로 대체할 수 있다. 이 곡선은 온도를 가해준 열에 대해 보여주고 있다. 온도는 상전이 동안에 더 이상 상승하지 않는다.

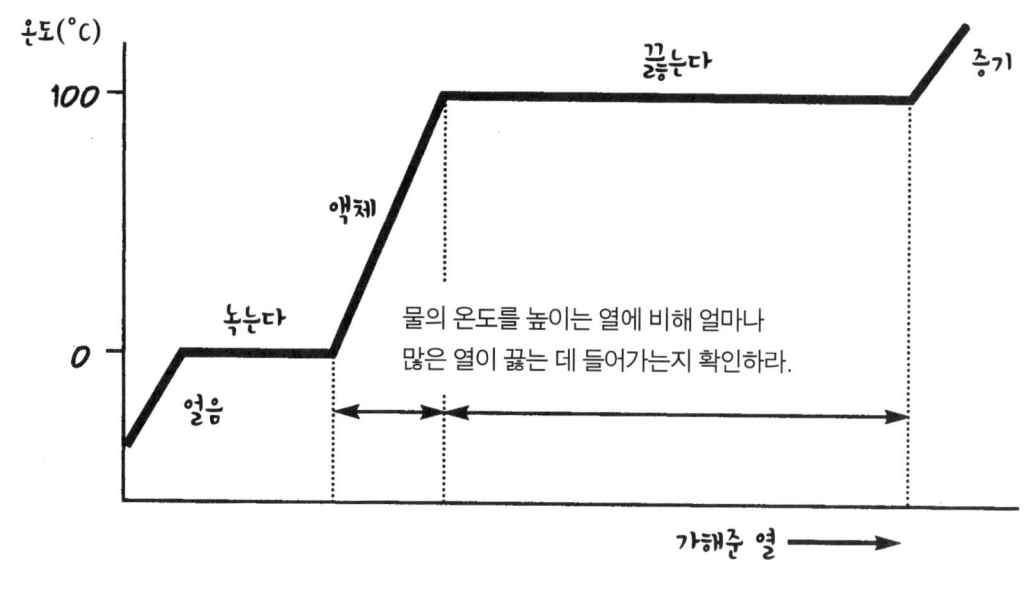

물의 비열이
약 4.18J/g°C임을 상기하라.
따라서 물 1g의 온도를
100°C로 높이는 데는

(4.18 J/ °C)(100°C)
= **418 J**의 열이 필요하다.

반면에 100°C에서는 물의 증발열이
몰당 약 41kJ이다.
물 1몰의 무게가 18g이므로 이는

$$\frac{41 \text{ kJ/mol}}{18 \text{ g/mol}} = 2.28 \text{ kJ/g}$$

= **2,280 J/g**에 해당한다.

다시 말해서, 물을 완전히 끓여서 없애는 과정은
0°C에서 100°C로 온도를 높이는 과정보다
5배 더 많은 열이 필요하다!!

이 장에서는 물질의 세 상태가 무엇인지, 무엇이 물질을 붙들고 떨어지게 하는지 알아보았다. 기체법칙도 배웠는데, 이 법칙들은 원자량을 계산하는 것부터 냉장고가 돌아가는 것까지 모두 설명한다.

그런데 여담이지만, 물질에는 네 번째 상태가 존재한다. 매우 높은 온도에서는 전자들이 핵에서 떨어져 나오게 되고 결합이 깨지면서 모든 물질은 **플라즈마**라고 부르는 뜨거운 입자 스프로 변한다. 다행히도 플라즈마는 화학자들이 자주 다루는 내용이 아니다.

* 옮긴이 주 : 이야기가 길어졌다는 뜻.

Chapter 7
용액

지금까지는 하나씩 물질의 상태를 살펴보았다. 이제는 두 물질을 조합해볼 텐데, 우선 아무거나 액체와 섞어보도록 하자. 예를 들어 소금을 조금 물이 든 플라스크에 넣어보자.

소금은 당연히 싹 사라진다.

소금은 물에 **녹는다**.

어떤 물질이 액체에 용해된 것을 **용액**이라고 부른다. 액체는 **용매**이고 용해된 물질은 **용질**이다.*

$$용질 + 용매 \rightarrow 용액$$

용해된 고체는 이온이거나 분자인 그 구성입자들로 분리되고 기체분자 또한 하나하나씩 용해된다. 이 때문에 용액들이 보통 투명한 것이다.

예를 들어 염화나트륨(NaCl)은 물에서 독립적인 Na^+와 Cl^- 이온으로 해리되는데, 이 이온들은 물분자들과 결합한다.

설탕-수크로오스($C_{12}H_{22}O_{11}$)는 분자째로 분리된다. (물분자들이 설탕의 OH기를 좋아한다).

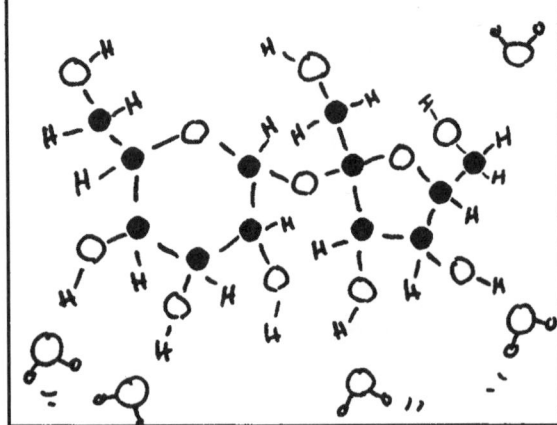

아세트산(CH_3CO_2H) 용액인 식초 안에는 수소이온(H^+), 아세트산이온($CH_3CO_2^-$) 그리고 다량의 해리하지 않은 CH_3CO_2H가 포함되어 있다.

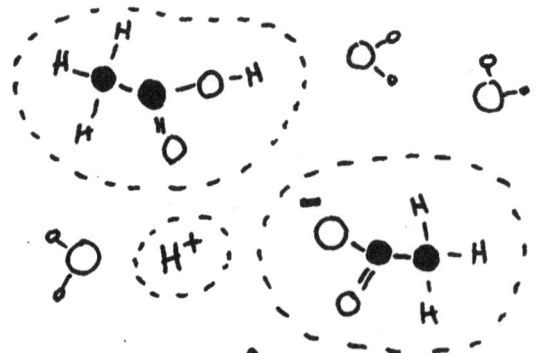

* 사실 용액은 고체이거나 기체일 수도 있다. 2가지 이상의 물질로 이루어진 균일물질은 상에 상관없이 용액이라 볼 수 있다.

용해과정을 좀더 자세하게 살펴보도록 하자. 물질 덩어리를 액체에 담갔다고 생각해보자.
이 덩어리의 입자들은 서로를 붙잡아놓는데, 용해하려면 그 결합을 깨뜨려야 하고
액체의 분자들과 새로운 결합을 형성해야 한다. 이와 비슷하게 액체 내에서의 IMF들도 극복되어야 한다.

자유로운 용질입자들은 제각각 용매분자 1개 또는 그 이상을
끌어당기는데 이러한 용매분자들은 용질 주위에 밀집하면서
용질을 용액 '우리' 안에 가둔다. 결합을 끊고 형성하는
이 과정을 **용매화**라고 부른다.

결합을 재배열하는 이 모든 것은
용해가 화학적인 반응임을 뜻한다.
용매화에는 다른 변화와 아울러
엔탈피 변화가 수반되는데
이는 양이거나 음의 값을 가진다.

예를 들어
염화마그네슘($MgCl_2$)이
물에 용해되면 용매화 엔탈피는

ΔH = 119 kJ/mol이다.

굉장한 흡열반응이다.
물 50mL(=50g)에서
4g밖에 안되는
$MgCl_2$(=0.042몰)를 넣었는데
물의 온도가 23.9°C나 내려갔다
(열계량법에 의해 알 수 있듯이).

화학적으로 만든 얼음팩은 실제로 $MgCl_2$ 그리고 물에 용해될 때
열을 흡수하는 다른 염들로 만들어진다.

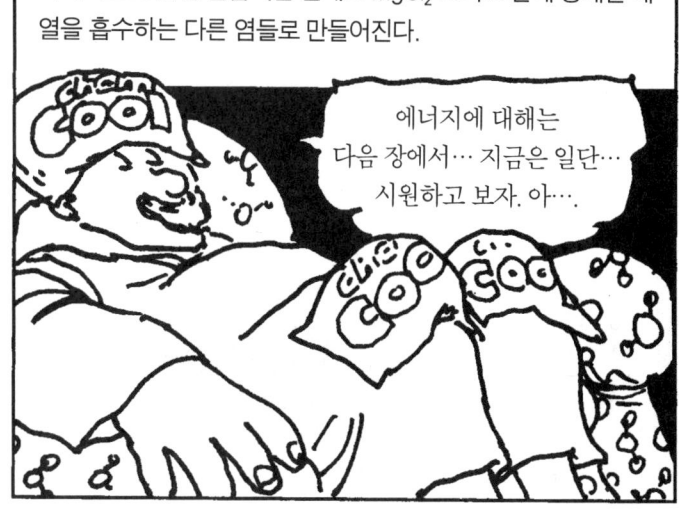

어떤 액체 혼합물은 용액이 아니다.

분유를 물에 섞으면 고체입자들이 매우 큰 분자 뭉치들로 남는다.
우유와 같은 혼합물을 **현탁액**이라 하고 이런 현탁액은 불투명하다.

다른 예로는 페인트를 들 수 있는데,
이 안에는 안료 반점들이
기름이나 젤 같은 매질에 떠다닌다.

에멀션(emulsion)은 한 액체가 다른 액체와 이룬 현탁액이다.
예를 들어 마요네즈는 주로 식초에 떠다니는 아주 작은 기름방울로 이루어졌다.
평소에는 기름과 식초가 분리되지만 겨자와 달걀 노른자를 소량 첨가하면 에멀션이 안정화된다.

노른자의 긴 분자들은 기름방울 안으로 파고든다.
극성인 '꼬리'가 밖으로 나오면서 식초 내의 극성인 물분자들을 끌어당긴다.
이 물분자들은 방울들이 서로 합쳐지는 것을 막는다.

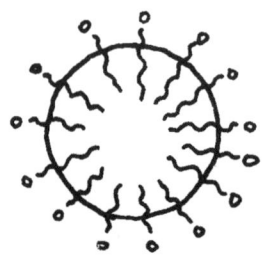

* 옮긴이 주 : 집중을 뜻하는 'concentrate'의 명사형은 용액의 농도를 뜻하는 'concentration'이다.

농도 Concentration

농도는 전체에 비해 용액 안의 용질이 얼마나 많이 존재하는지를 재는 척도이다.

예를 들어, NaCl 35g을 재고 메스플라스크에 넣은 후 용액 1L가 만들어질 때까지 물을 첨가해보자.

이 용액의 농도는 35g/L이고 **용액의 부피당 용질의 질량**을 나타낸다.

가능한 다른 측정단위들(모두 사용되고 있다!)

· 용액의 질량당 용질의 질량

· 용액의 부피당 용질의 부피

· 용매의 부피당 용질의 질량(용액의 부피와는 다르다!)

· 용매의 질량당 용질의 질량

· 100만 분율수(ppm, parts per million)
 (매우 묽은 용액에서의 질량 대 질량 비*)

· 10억 분율수(ppb, parts per billion : 더 묽은 용액)

골라 쓸 수 있어서 좋아요!

용매가 물일 때 질량-부피 비를 쉽게 질량-질량 비로 환산할 수 있는데, 이는 **물 1L가 1kg의 무게를** 가졌기 때문이다. 아주 묽은 수용액 1L도 당연히 무게가 같다.

* 옮긴이 주 : 전체 질량을 100만이라 했을 때 용질이 차지하는 질량.

우리가 가장 즐겨 사용하는 농도단위는
일정 부피에 얼마나 많은 분자들이
녹아 있는지 나타낸다.
몰농도(molarity)는
용액 1L당 용질의 몰수이다.
이를 다음과 같이 쓴다.

$$M = 몰수 / 리터$$

우리가 만든 35g/L짜리 소금 용액은 몰농도가 얼마일까?
NaCl 1몰이 58.4g이기 때문에

$$\frac{35\ g}{58.4\ g/mol} = 0.6\ mol\ NaCl$$

이 용액 1L에 들어 있는 것이다.
몰농도는 0.6몰이다.

용액 속의 모든 '물질'(즉 모든 특정한 분자나 이온들)의
농도를 표기하기 위해 각괄호 [ ]를 사용한다.
이 경우에는 NaCl이 용액에 완전히 해리하기 때문에

$$[Na^+] = 0.6\ M$$
$$[Cl^-] = 0.6\ M$$

이다. 1몰의 Na_2SO_4 용액도 완전히 해리하는데
이 때의 농도는

$$[Na^+] = 2\ M$$
$$[SO_4^{2-}] = 1\ M$$

이다. Na_2SO_4 1몰당 Na^+가 2몰씩 있으니까.

용해도 Solubility

모든 물질은 어떤 액체에서도 어느 정도 녹는다. 아주 조금 녹을지 몰라도 말이다.
예를 들어 실온에서 수은(Hg)은 물 1L에 0.00006g 이상 녹지 않는다.
Hg 1몰의 무게는 200.6g이니까.

한편 어떤 물질이 굉장히 잘 녹는다고 해도 항상 한계는 있다.
소금도 어느 이상 물에 넣으면 녹지 않고 바닥에 쌓이기 시작한다.

이 한계, 즉 물질이 녹을 수 있는
최대 농도를 **용해도**라고 부른다.
농도가 최대인 용액은
포화됐다고 한다.

어떤 물질이 어느 정도 녹으면 가용성이라 하고
그렇지 않으면 불용성이라고 한다. 확실히 모호한 개념이다.

액체-액체 상호작용에
해당하는 말은
섞임(miscibility)이다.
두 액체가 서로 녹이면
섞인다고 하고,
물과 기름처럼 분리되면
안 섞인다고 한다.

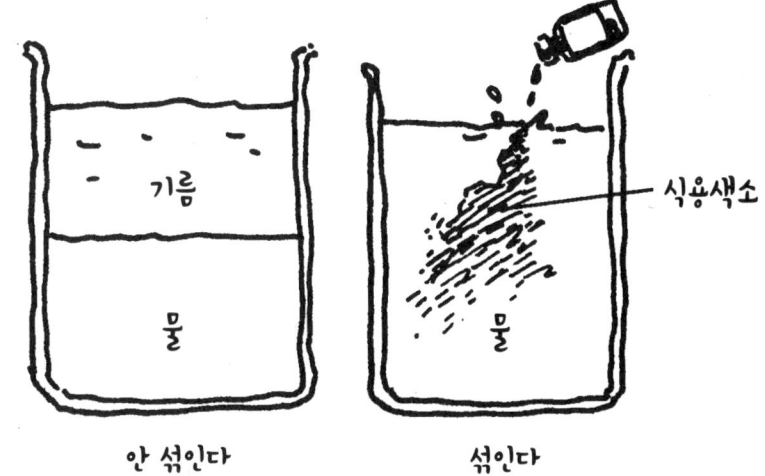

비슷한 것끼리 섞인다.
물과 같은 극성용매는 다른 극성 화합물을 용해하는 또는 그것과 섞이는 경향을 가지고 있다.
이 경우에는 쌍극자-쌍극자 또는 쌍극자-이온 인력이 용해를 유도한다.

메탄올(CH_3OH)은 극성이고 물과 수소결합을 형성한다. 두 물질은 양이 얼마가 되든 간에 서로 섞인다.

메탄올의 사촌 메테인(CH_4)은 완전히 대칭적이고 무극성이다. 물은 이러한 메테인을 멀리하고 이로 인해 용해도는 매우 낮다(0.024g/L 또는 0.0015M).

분자의 크기.
크고 무거운 분자들은 작고 가벼운 것들보다 덜 녹는 경향이 있다. 용매분자들이 큰 입자들을 '가두어 두기' 힘들기 때문이다.

온도도 용해도에 영향을 미친다. 온도가 상승함에 따라 들뜬 분자 또는 이온들이 결합을 더 쉽게 깨뜨리고 이로 인해 보통 용해도는 증가한다. 그러나 예외는 있고 어떤 때는 이 효과가 미약하기도 하다.

H_2O 100g당 용질의 g.

용해된 기체에 대해서는 압력이 용해도에 영향을 미친다. 구체적으로 용액 위에서 작용하는 기체의 **부분압력**이 용해할 기체의 양에 영향을 미친다. 부분압력이 높을수록 기체의 용해도가 커진다.

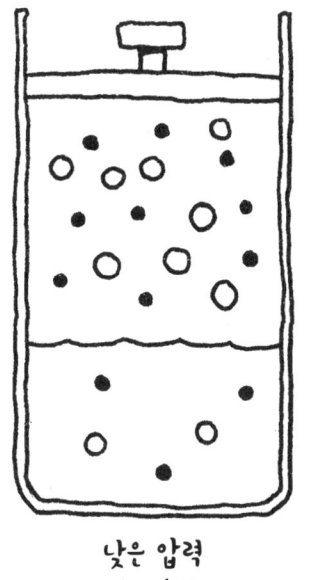

낮은 압력
낮은 농도

높은 압력
높은 농도

이게 좋은 거라고 했더니….

CO_2가 용해되어 있는 음료수(탄산음료)는 녹아 있는 기체의 양을 증가시키기 위해 높은 압력에서 병에 담는다. 뚜껑을 열면 압력이 낮아지고 CO_2는 용액에서 빠져나온다.

얼음 Freezing

일반적으로 용해된 물질은 어는점을 낮춘다.
용질입자들은 분자들 사이의 정상적인 결합을 방해하여 용액이 고체로 되는 것을 어렵게 한다.
농도가 높을수록 어는점은 낮아진다.

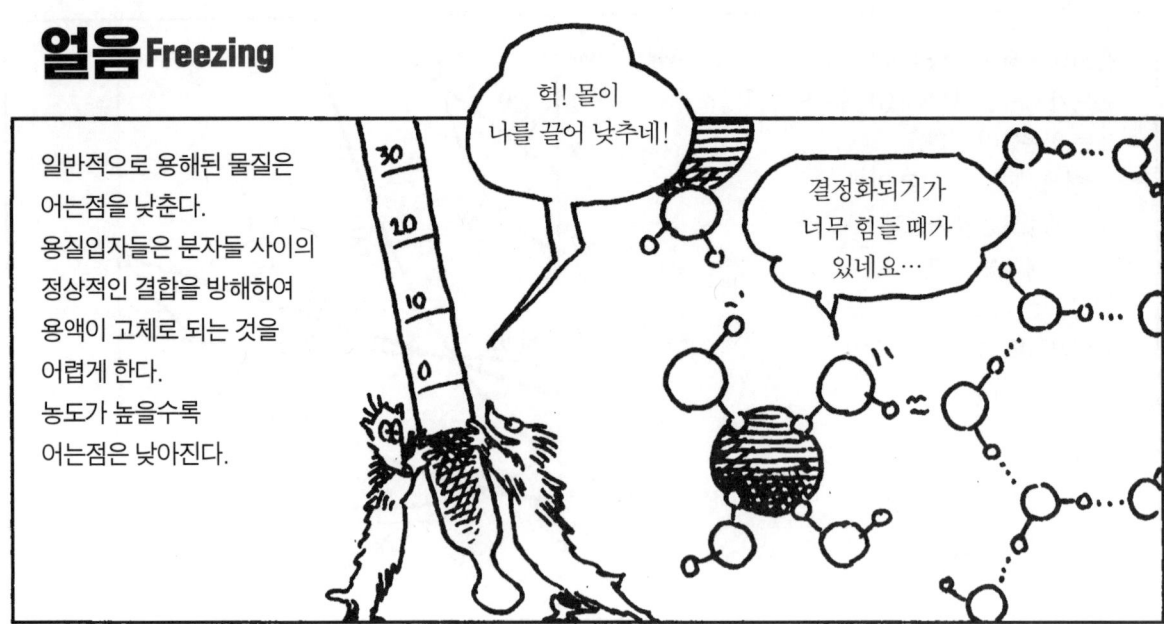

예를 들어 아이스크림제조기에는 크림, 녹은 설탕 그리고 향신료를 섞은 통이 -3~-5°C의 얼음에 둘러싸여 있다.

소금이 첨가되면 얼음이 녹는다. 영하의 소금물은 이제 통 전체의 표면과 접촉하게 된다.

이제는 아이스크림이 0°C 이하에서 급속도로 냉각될 수 있다. 또 물은 얼음보다 열용량이 더 커서 냉각효과가 더 높다.

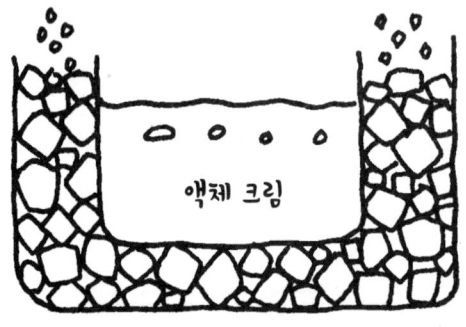

얼음은 그 표면의 일부에서만 용기와 접촉한다

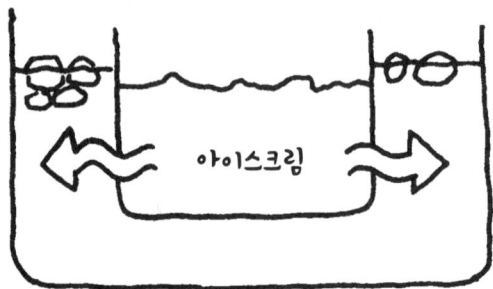

효율적인 열전도

아이스크림이 완전히 어는 일은 드물다.
액체가 얼수록 설탕은 남아 있는 시럽 안에서 더욱 농축되고 이로 인해 어는점은 오히려 더 낮아지고 일부분은 얼지 않은 채로 남는다.
이 때문에 아이스크림이 보통 부드러운 것이다.

끓음 Boiling

용해된 물질은 끓는점을 높이고 따라서 양쪽으로 액체 상태의 범위를 확장한다.

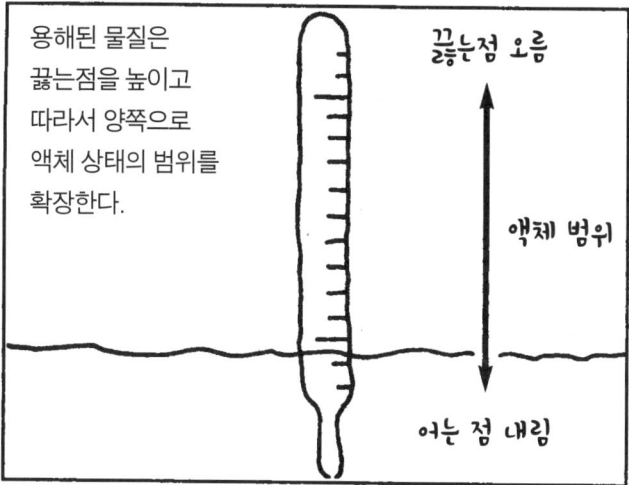

이것 또한 용질-용매 상호작용의 결과이다. 용질입자에 붙은 용매분자들이 기체 상태로 탈출하는 데 어려움을 겪는 것이다.

증발은 감소하고 이로 인해 증기압 P_v도 감소한다.

P_v = 액체 표면 바로 위에 있는 증기의 압력*

따라서 증기압을 우세한 외부압력과 맞추려면 높은 온도가 필요하다(P_v=외부압력일 때 끓기 시작하는 것을 기억하라).

아마도 이 때문에 요리사들이 스파게티를 만들 때 소금을 첨가하는지도 모른다. 소금 용액은 (1기압에서는) 100°C 이상의 온도에서 끓고 스파게티는 더 빨리 익는다. 맛도 더 좋다.

* 6장, 124쪽 참조.

그래서?

용액에서는 친숙하고 중요한 화학이
엄청나게 많이 일어난다.
끓음, 양조, 발효, 소화,
전기 배터리, 약학, 금속과 유리 에칭,
물빨래, 드라이클리닝,
혈액에 관한 화학, 충치,
파이프에 석회 끼는 것,
산성비, 정유, 정수, 세포 대사,
몇 가지만 말해도 이 정도다!

우리는 이제부터 이런 과정들을 더 자세하게 이해하고자 한다.
우선, 왜 어떤 반응은 빨리 일어나는데 다른 반응은 느리게 일어나는지 살펴볼 것이다.

Chapter 8
반응속도와 평형

화학에서는 **무엇이** 반응하는지 뿐만 아니라, **얼마나 빨리** 반응하는지도 중요하다. 검은 폭약은 눈 깜짝할 사이에 폭발하지만 커피에 탄 설탕은 좀처럼 녹지 않는 것만 같다. 환경 정화는 촉진시키려고 하지만 녹스는 것과 노화는 늦추고 싶다. 다시 말해서, **속도는 중요하다!**

"첫눈에는 모든 것에 시작과 끝이 있다는 것보다 더 당연한 것은 없는 것처럼 보인다."

—스반테 아레니우스, 1903년 노벨 화학상 수상자

화학반응의 속도란 무엇인가?
반응물이 하나만 있는 아주 간단한 예로 시작해보자.

$$A \longrightarrow 생성물$$

여기서 반응속도 r_A는
반응물 A가 시간에 따라
소모되는 속도이다.
이를 초당 몰수로 표기할 수 있다.

A가 용액에 있으면
r_A는 농도 [A]가
초 당 리터당 몰수의 형태로
변하는 속도를 뜻한다.
그리고 만약에 A가 기체라면
r_A는 농도 또는 부분압력으로 표시되는데,
둘 중에 아무거나 써도 같은 값을 얻는다.

예를 들어 대기의 낮은 부분에서는 햇빛은 이산화질소(NO_2)를
일산화질소(NO)와 산소원자(자유 라디칼이라고 부른다)로 분해한다.

$$NO_2 \xrightarrow{빛} NO + O$$

산소 라디칼은 O_2와 결합해서 오존(O_3)을 만든다. O_3와 NO는 못된 공기 오염물질이다.

한낮에는 NO_2가 공기입자 10억 개당 20개, 공기 10억 몰당 NO_2 20몰 또는 24.4×10⁹L의 공기(25°C에서) 속에 NO_2 20몰을 형성한다. 따라서 몰농도는 $[NO_2]=20/(24.4\times10^9)=8.2\times10^{-10}$ mol/L이다.
공기 샘플을 채취해서 $[NO_2]$가 분해하는 동안 이것을 40초마다 측정해보자.
시간 t에서 NO_2의 농도를 $[A]_t$라고 쓴다.

t (초)	$[A]_t$ ($\times 10^{-10}$ mol/L)	
0	8.20	$[A]_0$
40	5.80	
80	4.10	$([A]_0)/2$
120	2.90	
160	2.05	$([A]_0)/4$
200	1.45	
240	1.02	$([A]_0)/8$
280	0.72	
320	0.51	$([A]_0)/16$
360	0.36	

확실히 반응은 시간이 지날수록 느려진다.
공기 10^{10}L 안에는 2.4몰($[A]_0-[A]_{40}$)이 첫 40초 동안 소모되었지만,
$t=280$과 $t=320$ 사이($[A]_{280}-[A]_{320}$)의 40초 동안에는 **0.21몰**밖에 소모되지 않았다.

이러한 감소에는 패턴이 있다.
80초마다 이 남은 반응물의 절반이 사라진다.
$t=80$초에서는 처음 NO_2의 절반,
160초일 때는 1/4,
240초일 때는 1/8이 남아 있다.
우리는 이럴 때 반응이 80초의 **반감기**(h)를
가졌다고 한다. h의 시간 동안에는
항상 반응물의 절반이 없어진다.
n번의 반감기를 거칠 때 남는 양은
다음 식으로 나타낼 수 있다.

$$[A]_{nh} = (1/2)^n [A]_0$$

n번의 반감기

이런 양상을 설명하는 간단한 모형이 있다.
먼저 반응물 **A**를 여러 분자로 구성하고 각 분자가 분해할 확률이 똑같다고 하자.
그러면 전체 중에서 고정된 분율이 단위 시간당 반응할 것이다.

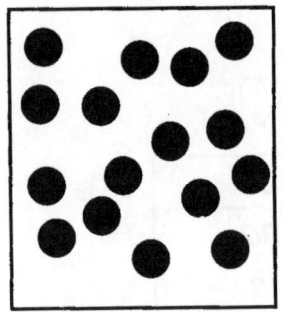
t=1

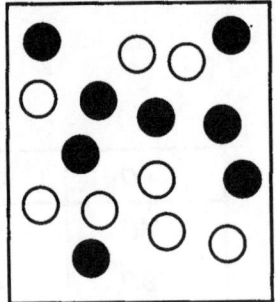
t=2

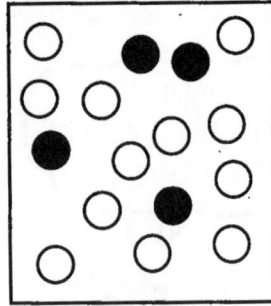
t=3

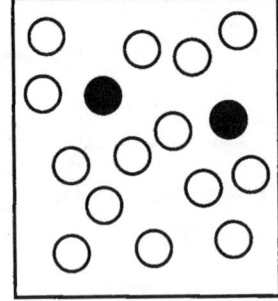
t=4

다시 말해서, 반응**속도**(단위시간당 분해하는 몰수 또는 mol/L)는 존재하고 있는
반응물의 양(몰수 또는 mol/L)에 비례한다.
따라서 반응속도에 대한 두 번째 식을 쓸 수 있다.

$$r_A = -k[A]$$

k는 상수이고 **반응속도상수**라고 한다. k는 항상 양수이기 때문에
[A]가 감소하고 있다는 의미에서 r_A를 음수로 만들기 위해 마이너스 부호를 붙인다.

한마디 : 수학에 알레르기 있는 독자들은 이 쪽을 그냥 넘겨도 된다. 그렇지 않다면 계속해서 읽기 바란다.

데이터로부터 k를 계산할 수 있다.
첫 번째 식으로 시작해보자.

$$[A]_{nh} = 2^{-n}[A]_0$$

[A]는 (이 식에서는 2의 지수로)
지수함수적으로 감소한다.
특히 [A]는 **절대로 0이 되지 않는다.**
이론적으로는 반응이 절대로 끝나지 않는다.

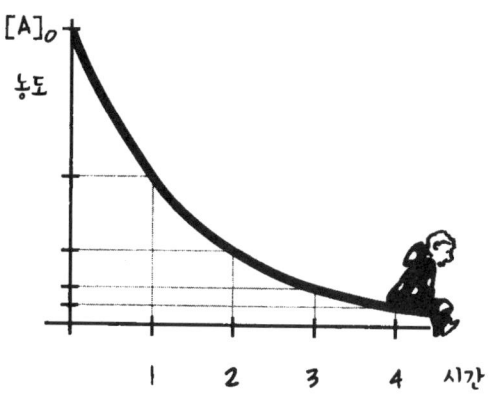

h는 이상한 시간단위이다. 반응마다 다르기 때문이다.
여기서는 고정된 시간단위 t(일, 초, 적당한 것이라면 아무거나)를 사용할 것이다. 그러면

$$t = nh, \text{ or } n = t/h$$

그리고 다음과 같이 쓸 수 있다.

$$[A]_t = 2^{-t/h}[A]_0$$

양변에 자연로그를 취하면

$$\ln[A]_t = \frac{-1}{h}(\ln 2)t + \ln[A]_0$$
$$k = (1/h)\ln 2,$$
$$\ln[A]_t = -kt + \ln[A]_0$$

걱정하지 마요! 로그를 사용하는 방법에 대해서는 부록에서 읽을 수 있어요!

즉 $\ln[A]_t$를 t에 대해 도시하면 기울기가 −k인 **직선**을 얻을 수 있다.
미적분을 이용하면 이것이 $r_A = -k[A]$에서와 같은 k임을 보여줄 수 있다.
여기서 다룬 NO_2 예의 경우에는

$$k = (1/80 \, S)(\ln 2) = (1/80 \, S)(0.693) = 0.0087 \, S^{-1}$$

즉 NO_2 기체의 0.87%가 매 마다 소모된다.

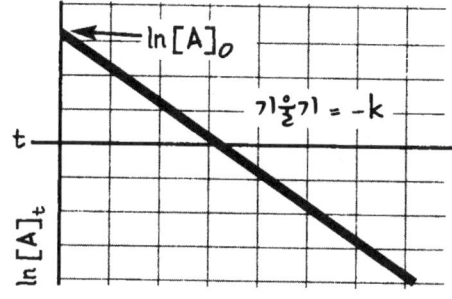

$r_A = -k[A]$인 반응은 **1차 반응**이라고 한다.
단일 농도의 1제곱으로 표시되는 것이다.
$\ln[A]_t$를 t에 대해 도시해서 직접 반응이 1차인지,
그리고 직선인지 확인할 수 있다.
만약에 그러하다면 반응속도상수는
기울기의 음수이다.

충돌 경로 Collision Course

2차 반응은 어떨까?
이 경우는 다음과 같이 쓸 수 있다.

$$A + B \longrightarrow 생성물$$

이 반응이 A와 B를 쌍으로 제거하기 때문에 $r_A = r_B$이다. 그러면 반응속도 r을 다음과 같이 쓸 수 있다.

$$r = r_A = r_B$$

r을 분석하기 위해 우리가 가장 먼저 생각해야 할 것은 두 분자가 서로 **충돌해야만** 합쳐질 수 있다는 것이다.

음, 헉!

이러한 훌륭한 관찰이 **충돌이론**의 시작이다.

입자들은 얼마나 자주 충돌할까?
농도(또는 부분압력)에
따라 다르다.

기체 또는 액체의 일정 부피가 수없이 많은 칸들로 나뉘었다고 생각해보자. 입자 2개가 같은 칸에 들어 있는 경우 이것을 충돌이라고 부르기로 하자.

[B]가 일정할 경우 [A]를 변화시키면 A-B 충돌의 횟수는 비례적으로 변화한다. (여기에서는 **A**가 검고 **B**는 하얗다).

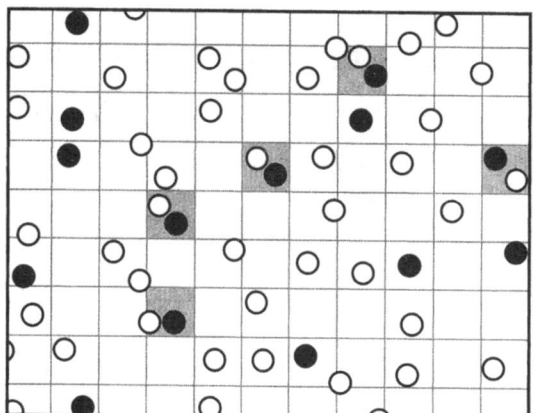
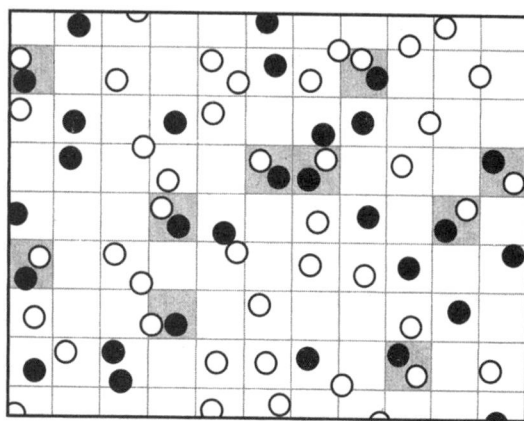

[B]를 변화시킬 때도 마찬가지이다.
따라서 충돌의 빈도는 [A][B], 또는 A와 B가 기체라면 $P_A P_B$에 비 할 것이다.

모든 충돌이 반응으로 이어지는 것은 아니다.
반응으로 이어지는 것들을 **유효**하다고 한다.
(일정한 온도에서는) 총 충돌에 대한
유효 충돌의 비가 일정하다고 가정한다.

결국 반응속도는
유효 충돌의 속도와 같은데,
이는 총 충돌횟수에 비례하고
총 충돌횟수는 다시 [A][B]
또는 $P_A P_B$에 비례한다.
결론은 다음과 같다.

$$r = -k[A][B]$$

여기서 k는 양의 상수이다.

반응은 **A**에 대해 1차, **B**에 대해 1차 그리고 전체적으로 2차라고 한다.

예

앞에서 살펴본 대로 낮에는

$$NO_2 \rightarrow NO + O$$

단원자산소는 다음과 같이 오존을 만든다.

$$O + O_2 \rightarrow O_3$$

따라서 전체적으로 다음 식이 성립한다.

$$NO_2 + O_2 \rightarrow NO + O_3$$

밤에는 반대반응이 일어난다.

$$NO + O_3 \rightarrow NO_2 + O_2$$

이 반응의 속도는 'r=NO가 소모되는 속도=O_3가 소모되는 속도'라 쓸 수 있고 다음과 같이 주어진다.

$$r = -k[NO][O_3] \qquad k = 1.11 \times 10^7 \, M^{-1}s^{-1}$$

NO의 농도는 보통 24ppb* 정도인데 이것을 몰농도로 바꾸면
$[NO]=(24몰\ NO/24.4\times10^9L\ 공기)=10^{-9}$ 몰로 주어진다.
$[O_3]$는 이것의 약 2배, 즉 2×10^{-9}몰이다.

미적분을 조금만 발휘하면
농도에 대한 이러한 그래프를
그릴 수 있다.
반응은 빨리 이루어져서
5~6분 만에 거의 끝난다.

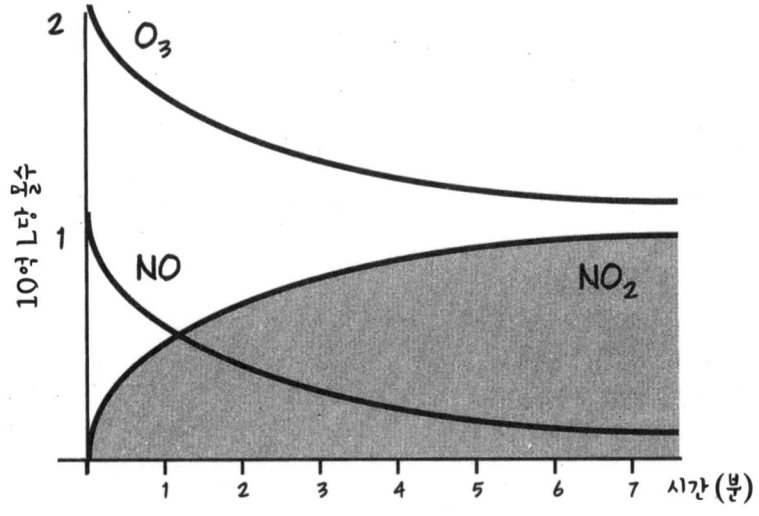

주의 : 이 그래프는 고립된 샘플에만 잘 맞는다.
일반 환경에서의 농도를 예측하기 위해 NO와 O_3를 생산하고 소모하는
모든 반응들의 속도를 알아야 한다. 뿐만 아니라 외부 근원에서
들어오는 양이 얼마인지도 알고 있어야 한다.

* 10억 분율.

반응을 자세히

어떤 충돌은 유효하고 어떤 충돌은 유효하지 않은 이유가 무엇일까?

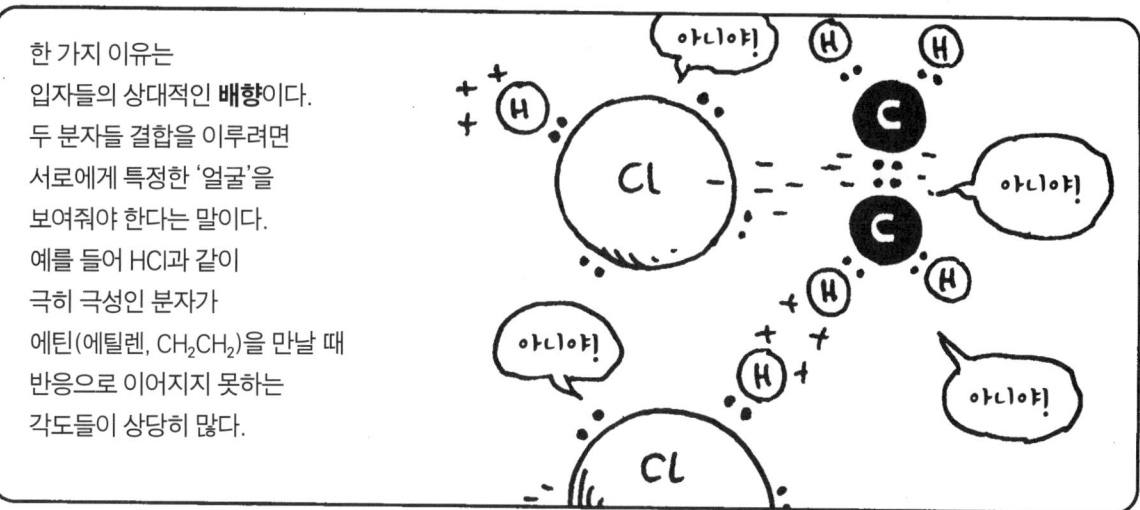

한 가지 이유는 입자들의 상대적인 **배향**이다. 두 분자들 결합을 이루려면 서로에게 특정한 '얼굴'을 보여줘야 한다는 말이다. 예를 들어 HCl과 같이 극히 극성인 분자가 에틴(에틸렌, CH_2CH_2)을 만날 때 반응으로 이어지지 못하는 각도들이 상당히 많다.

하지만 HCl에서 양전하를 띠는 극이 CH_2CH_2에서 음전하를 띠는 이중결합과 만나면 전자들이 이동하게 된다. 우선 하나가 수소에게로 간다(수소가 더 가까우니까).

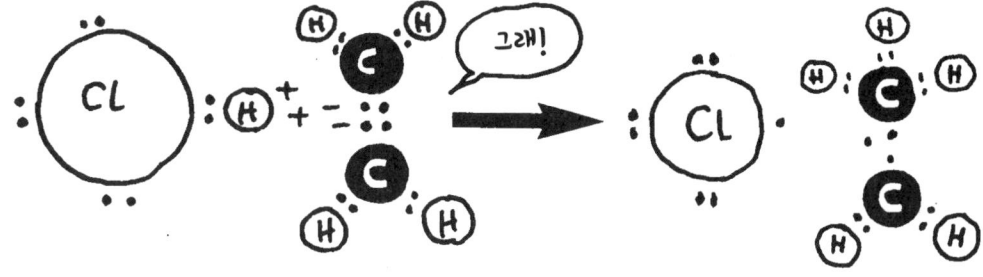

그런 다음에 하나가 염소로 간다. 생성물은 염화에테인이라는 국소마취제이다.

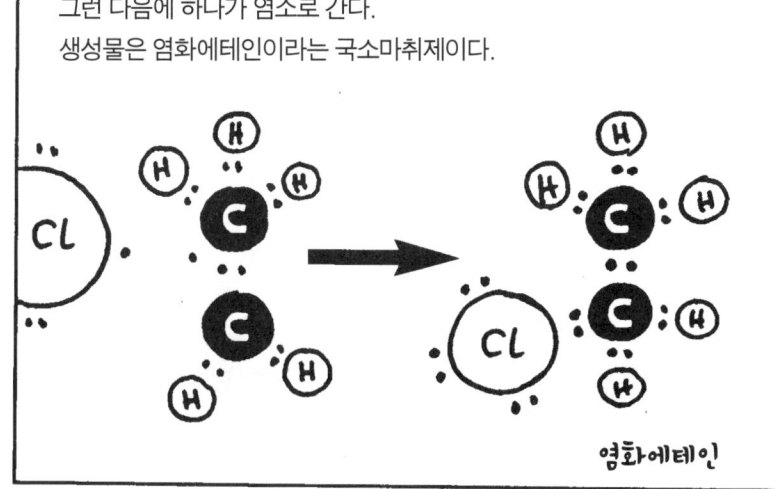

염화에테인

염소가 결합되기 전의 중간체 상태를 **전이 상태**라고 부른다. 여기서 전이 상태는 반응하는 분자들이 적절한 배향을 가지고 있을 때에만 나타난다.

충돌이 반응으로 이어지는 데
영향을 주는 또 다른 요인은
입자들이 얼마나 빨리
움직이는가 하는 점이다.

예를 들어 날아다니는 H_2와 O_2 기체분자들이
충돌하면 음으로 하전된 구름들이
서로 반발하고 실제로 일그러진다.

충돌의 운동에너지가 너무 낮으면
분자들이 그냥 튕겨나간다.

그러나 초기 운동에너지가 전기적 반발력을
극복할 정도로 충분히 크다면 분자들이
쪼개질 수 있다.

자유 O가 H_2를 만난다면 전기적 반발력은
또다시 전자구름을 변형시킨다.

충돌에너지가 충분하다면 전자들은 재배열하게 되고
물분자가 형성되면서 에너지는 방출된다.
반응은 발열반응이다.

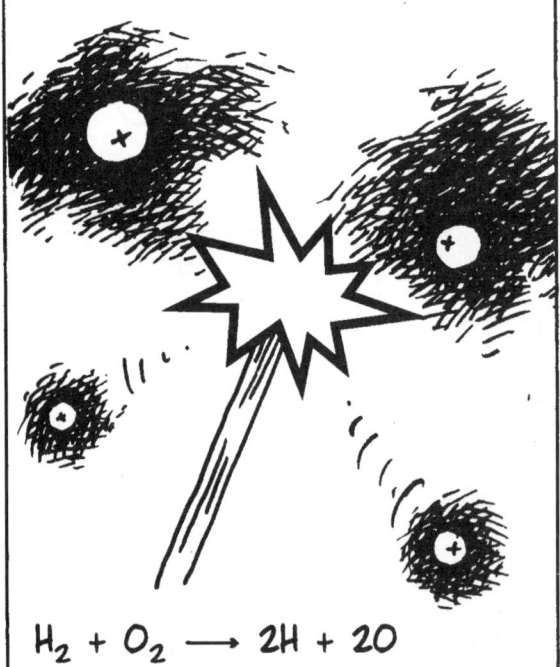

$H_2 + O_2 \longrightarrow 2H + 2O$

$H_2 + O \longrightarrow H_2O \qquad \Delta H < 0$

따라서 기체 혼합물은 반응을 시작하기 위해 추가로 에너지가 조금 더 필요하다.
입자에 에너지를 주기 위한 스파크나 불꽃 등 말이다.

그러나 일단 시작하면 $H_2 + O \rightarrow H_2O$가 너무나도 **발열**이어서
주변에 있는 입자들을 들뜨게 하고 전체 반응은 갑작스레 진행된다.

이것이 화학자들이 항상 무언가를 가열하는 이유이다.
반응이 '고개를 넘어갈 수 있게' 그 초기의 에너지 자극을 주어야 하는 것이다.

거의 모든 결합반응들은 그런 식으로 일어난다. 반응물들을 결합시키려면 추가 에너지가 필요하다. 이런 넘어야 하는 에너지를 반응의 **활성화에너지**(activation energy : Ea)라고 한다.
다시 말하면, 화학반응은 그냥 내리막길로 추락하는 것이 아니다!

내리막길 추락　　　　　　　　　　　　화학반응

그렇다면 반응을 더 빨리 진행하게 하는 가장 뻔한 방법은 더 많은 입자들이 활성화에너지를 넘게 하는 것, 즉 **온도를 높이는 것**이다. 그렇게 되면 더 많은 충돌이 유효하게 될 것이다.

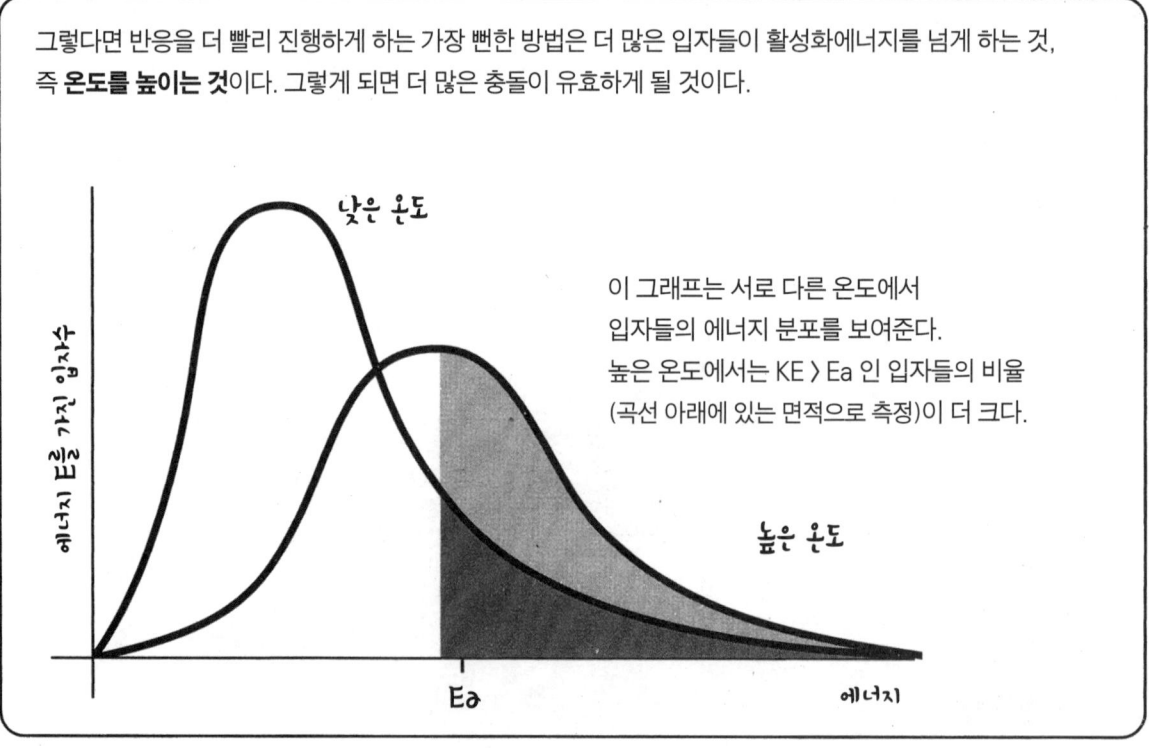

이 그래프는 서로 다른 온도에서 입자들의 에너지 분포를 보여준다.
높은 온도에서는 KE > Ea 인 입자들의 비율 (곡선 아래에 있는 면적으로 측정)이 더 크다.

R을 키우는 촉매 k

온도가 증가하면 반응이
빨라진다는 말에 놀랄 사람은
없을 것이다.*
누구나 무언가를 가열하는
화학자의 그림을 본 적이 있으니까.
아마 우리 자신도 불길을
세게한 적이 있었을지.

그런데 이제는 좀더 상세히 들여다보자.
2차 반응에 대해 r=-k[A][B]이기 때문에 온도를 높이는 것이
반응속도상수 k를 커지게 한다고 말할 수 있다.

k를 높일 수 있는
또 다른 방법이 있을까?
앞의 논의에 따른다면
반응물의 불리한 배향이나
활성화에너지를 줄이는 것이
가능할지 궁금해질 것이다.
이때 **촉매**가 등장한다.

* 한계는 있다. T가 너무 높아지면 모든 것이 흔들려서 무너지고 반응은 제멋대로가 된다.
** 옮긴이 주 : 영어의 소 리스트 'cattle list'는 촉매의 뜻을 지닌 'catalyst'와 발음이 같다.
  소가 잘 번식하면 소 리스트가 늘어나듯이 촉매작용은 반응을 촉진시킨다.

촉매는 반응을 가속시키지만 스스로는 변하지 않은 채 반응에서 빠져나오는 물질이다.

예를 들어 자동차 엔진에 있는 **촉매변환장치**는 배기가스의 해독을 촉진시킨다. 이러한 반응은 부식성의 일산화질소를 N_2와 O_2로 분해한다.

$$2NO \rightarrow N_2 + O_2$$

변환장치 안에는 백금, 로듐, 팔라듐 스크린이 다양한 IMF를 통해 기체분자와 결합한다.

촉매는 NO분자를 유리한 배향으로 나열하고 N-O결합을 당김으로써 활성화에너지를 낮추는 것으로 생각되지만 정확한 메커니즘은 알려져 있지 않다.

촉매는 아마도 **생명의 탄생**을 가능하게 했을 것이다. 생명의(또는 생명 이전의) 화학물질들은 무작위적인 조합으로 발전해나가기에 너무 크고 다루기 힘들었다. 하지만 여러 이론가들이 제안하는 것처럼 이런 물질들의 한쪽 끝이 해저에 있는 점토와 같이 하전된 표면에 붙어 있었다면 '발전적' 반응에 참여했을 가능성이 크다!

"아! 뭔가 이루어지고 있는 느낌이야!"

"저런 불쌍하고 쓸데없이 몸부림치는 실패자들을 봐라."

고차반응, 글쎄…

우리는 앞에서

$$A + B \longrightarrow 생성물$$

이라는 반응이 $r=-k[A][B]$인
2차 반응임을 보았다.
그나저나 이것은 **A와 B가 같다는**
특별한 경우도 포함하고 있다.

$$A + A \longrightarrow 생성물$$

반응의 반응속도는 $-k[A]^2$이다.

다음에는 이것을 더 복잡한 반응에 확장시키고 싶을 것이다.
예를 들어 아래 경우에 속도법칙들이 서로 유사하기를 **바라는** 것이다.

$$2A + B \longrightarrow 생성물 \qquad r = -k[A]^2[B] \quad (3차)$$

$$2A + 3B \longrightarrow 생성물 \qquad r = -k[A]^2[B]^3 \quad (5차)$$

그리고 일반적으로,

$$aA + bB \longrightarrow 생성물 \qquad r = -k[A]^a[B]^b \quad ((a+b)차)*$$

독자들이여,
정말 이렇다고 말하고 싶지만,
불행하게도 그럴 수 없다.
사실이 아니기 때문이다.
실제로 반응속도는
이론적으로 예측할 수 없고
실험적으로 측정되어야 한다.

---

* r이 의미하는 바가 무엇인지에 좀더 주의를 기울일 필요가 있다.
r은 $aA+bB$가 소모되는 속도이다. 즉 $r=(1/a)r_A = (1/b)r_B$이다.

사실은 'A+B → 생성물'이라는 반응조차도 우리가 주장한 대로 이뤄지지 않는다.
(맞아요, 독자님, 이 장의 앞 절반 중 많은 부분이 사실이 아니랍니다!).

알겠지만 반응이 **단일단계반응**으로 일어난다는 식으로 가정을 슬며시 **단순화**했다.

그러나 실제로 반응은 여러 단계를 거쳐 완결된다. …미안하지만!

예를 들어 '2A+B'라고 쓰면 정말로 세 입자가 한 번에 충돌한다고 생각해야 하는 것인가? 꼭 그렇진 않다. 오히려 **A**가 **B**를 만나 **AB**를 형성한 다음에 다른 **A**가 다가오는 것이다.

단일단계반응을 **기본적**이라고 한다. 'aA+bB → 생성물'이 기본 반응이라면 반응속도를 다음과 같이 쓸 수 있다.

$$r = -k[A]^a[B]^b.$$

다단계반응에서는 중간단계들이 종종 명확하지 않다. 관찰하기에 너무 빨리 일어나버리기 때문이다. 그러나 이것은 확실하다. **가장 느린 중간단계반응**의 속도가 전체 반응속도를 결정한다.

이것을 확인하기 위해, 정확히 24시간 만에 지저분한 옷 한 아름을 처리할 수 있는 세탁-건조 복합기가 있다고 상상해보자.

세탁은 훈련이 안 된 비협조적인 족제비들이 수동으로 하는 것 같은데, 그렇게 한 아름을 처리하는 데 **23.999시간**이 걸린다. 건조기는 1밀리초 만에 옷을 바싹 말리는 핵 용광로이다.

과정 1 : 속도=한 아름/하루   전체 과정 : 속도=한 아름/하루   과정 2 : 속도=8,640만 아름/하루

이제 전체 반응속도가 가장 느린 단계의 속도인 것이 명확해졌지? 족제비들이 일을 마쳤으면 '반응'은 거의 완결된 것이다!

화학적인 예 : 요오드이온은 과산화이황산을 다음과 같이 환원한다.

$$S_2O_8^{2-} + 2I^- \longrightarrow 2SO_4^{2-} + I_2$$

3차 반응처럼 보이지만 실험에 따르면 2차 반응이다.

$$r = -k[S_2O_8^{2-}][I^-]$$

이런 족제비놈들아!

화학자들은 두 단일단계반응을 제안한다.

$$S_2O_8^{2-} + I^- \longrightarrow 2SO_4^{2-} + I^+$$
$$I^+ + I^- \longrightarrow I_2$$

첫 번째 반응의 이론적인 반응속도는

$$r = -k[S_2O_8^{2-}][I^-]$$

인데 이것은 전체 반응에서 관찰된 반응속도와 일치한다. 두 번째 반응은 아마 매우 빨리 일어날 것이다.

평형 Equilibrium

평형은 **역동적인 균형**의 상태이다. 자연에서는 증발과 응축처럼 **서로를 원래대로 되돌리는** 두 과정을 종종 볼 수 있다. 이런 과정들이 서로를 **같은 속도**로 되돌리면 아무것도 일어나지 않는 것처럼 보인다. 그것이 **평형**이다.

많은 화학반응이 **가역적**이다.

$$aA + bB \rightleftharpoons cC + dD$$

A와 B는 반응해서 C와 D를 만든다. 그러나 그대로 두면 C와 D가 반응해서 A와 B를 만들 수도 있다.

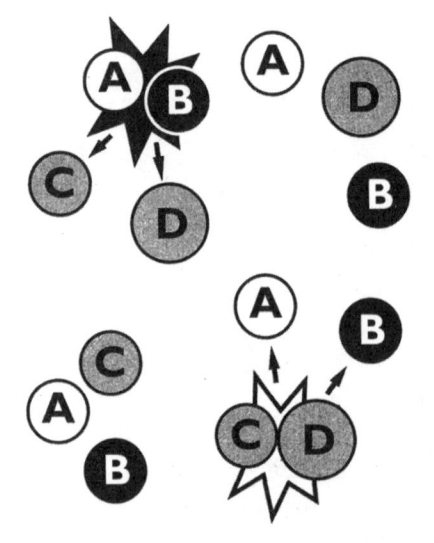

4장에서 한 예를 보았다.

$$CaCO_3(s) \rightleftharpoons CaO(s) + CO_2\uparrow$$

석회석을 가열하면 생석회와 이산화탄소기체가 되었다. 그런 후 CaO로부터 만들어진 회반죽은 대기의 CO_2와 반응하여 다시 $CaCO_3$를 생성했다.

처음 반응에서 CO_2가 날아가지 못하게 되어 있었다면, 즉 만약에 반응이 닫힌 용기에 일어났다면 기체의 일부가 여기저기서 재조합을 이루었을 것이다.

이제는 반응물 A와 B가 들어 있는 반응용기를 상상해보자.

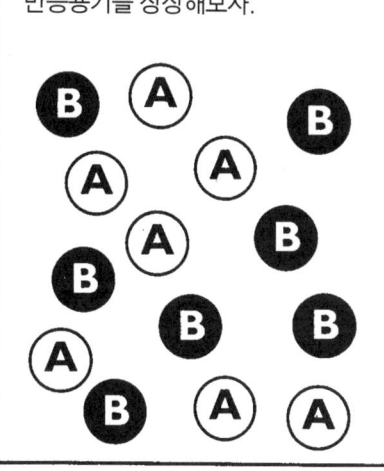

정반응은 반응속도 r_f로 C와 D를 만들기 시작한다. C와 D가 만들어짐에 따라 그중 몇 개가 서로 만나고 역반응이 느린 반응속도 r_{rev}로 시작된다.

처음에는 $r_f > r_{rev}$이고 반응은 '오른쪽으로 간다.' A와 B는 다시 만들어지는 것보다 더 빨리 소모되고 C와 D는 소모되는 것보다 더 빨리 만들어진다.

다시 말해서, $r_f > r_{rev}$인 한에는 [A]와 [B]는 감소하고 [C]와 [D]는 증가한다.

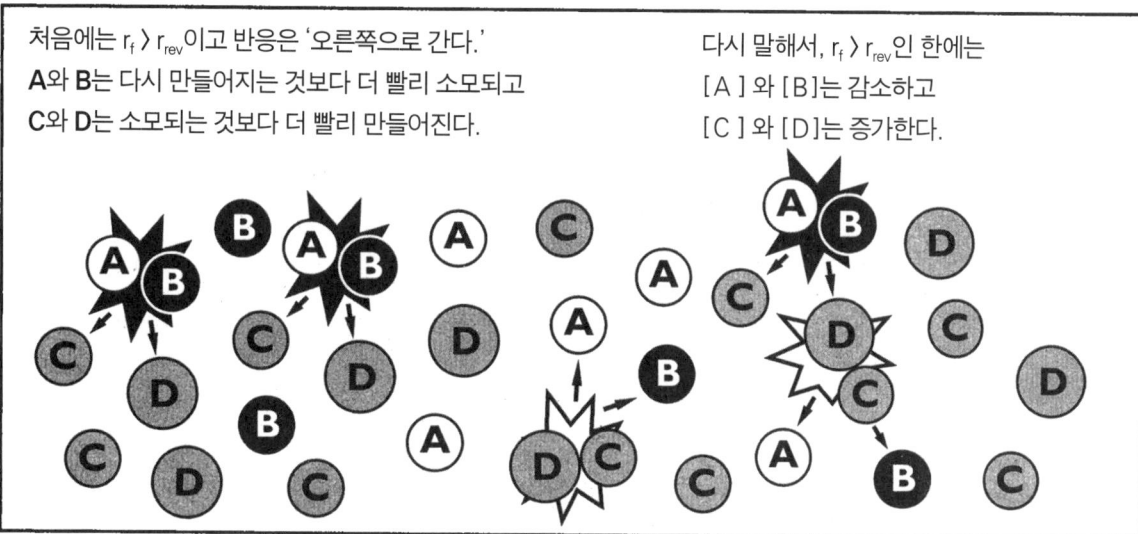

그러나 반응속도는 농도에 지수함수적으로 비례한다. 따라서 $r_f > r_{rev}$인 동안에는 r_f는 감소하고 r_{rev}는 증가한다. **반응은,**

$$r_f = r_{rev}$$

가 될 때까지 계속된다.

이 시점에서는 모든 물질들이 다시 만들어지는 것과 같은 속도로 소모된다. 농도 [A], [B], [C], [D]는 더 이상 변하지 않는다. 반응은 **평형**에 도달한 것이다.

많은 일들이 일어나고 있지만, 아주 조용히 일어나는 것이지!

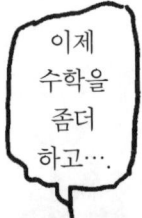

이제 수학을 좀더 하고….

이제는 틀릴 수도 있는 가정을 해보기로 하자. 반응 차수가 화학양론적 계수 a, b, c, d로 주어진다고 하자.

$$r_f = -k_f [A]^a [B]^b$$
$$r_{rev} = -k_{rev} [C]^c [D]^d$$

여기서 k_f와 k_{rev}는 각각 정반응과 역반응에 대한 속도상수이다.

평형에서는 이 반응속도들이 같다.

$$k_f [A]^a [B]^b = k_{rev} [C]^c [D]^d$$

다시 정리하면,

$$\frac{[C]^c [D]^d}{[A]^a [B]^b} = \frac{k_f}{k_{rev}} = K$$

K는 **상수**이다.

그런데 이러한 우리의 가정이 잘못됐고 위 반응속도들이 참값이 아니라면 어떻게 해야 하지? 문제없어! 기적적인 모든 중간단계들이 적절히 조합되어 **화학양론적 계수들의 사용을 유효하게 하는** 것을 보여줄 수 있다. 즉 평형에서는 실제로 K라는 상수가 있다는 말이다.

$$\frac{[C]^c [D]^d}{[A]^a [B]^b} = K$$

달리 말하면, 반응이 어디에서 시작하든 반응물이 어떤 시간에 얼마만큼 존재하든 이와는 상관없이 **평형에서** 농도는 항상 다음 식을 만족한다.

$$\frac{[C]^c [D]^d}{[A]^a [B]^b} = K$$

이 사실을

질량작용의 법칙

이라 하고, K는 반응의

평형상수

이다.

예 : 물의 이온화

$H_2O \rightleftharpoons H^+ + OH^-$를 예로 들어보자. 물분자들은 가끔 해리되고 H^+와 OH^-가 평형농도에 도달한다.

순수한 물을 25°C에서 정확히 분석해보면 $[H^+]$와 $[OH^-]$가 거의 정확히 10^{-7}몰임을 볼 수 있다. 많지는 않지요!

H^+는 항상 물에 붙어서 H_3O^+를 만든다.

이 값을 대입하고 평형상수를 계산해보도록 하자.

$$K = \frac{[H^+][OH^-]}{[H_2O]} = \frac{(10^{-7})(10^{-7})}{[H_2O]} = \frac{10^{-14}}{[H_2O]}$$

너무… 작은데요….

맞아요. 그러나 10^{-7}몰에서 조차도 1L에 이온들이 각각 약 60,000,000,000,000,000개나 들어 있다우!

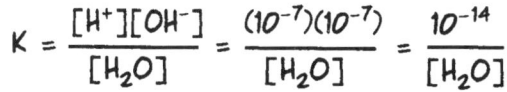

$[H_2O]$가 얼마일까? 해리 전에는 55.6몰이다. (물 1L의 무게는 1,000g이다. 물 1몰의 무게는 18g이다. 1000/18=55.6) 해리 후 그 농도가

55.6 − 0.0000001 으로 차이가 거의 없다. 그래서 우리는 다음과 같이 쓸 수 있는 것이다.

$$K = \frac{10^{-14}}{55.6}$$

그러면 이걸 어떻게 활용할 수 있는 거죠?

이를 괜히 상수라고 하지 않는다! 즉시

$$10^{-14} = 55.6K = [H^+][OH^-]$$
$$= (0.1)[OH^-]$$

라고 쓰고 $[OH^-]$에 대해 푼다.

$$[OH^-] = 10^{-13}$$

즉 가해준 H^+ 이온들은 $[H^+][OH^-]$의 곱을 일정하게 10^{-14}로 유지하기 위해 딱 필요한 양만큼의 OH^- 이온들을 먹어치운다.

이제 염산(HCl) 0.1몰이 물 1L에 해리한다고 가정해보자. 극성분자인 HCl은 거의 완전히 H^+와 Cl^- 이온으로 해리한다. 그런데 $[H^+]$가 갑자기 0.1몰로 증가하면 그다음에는 어떻게 될까?

르샤틀리에의 원리 Le Chatelier's Principle

평형은 한쪽 끝에 반응물이, 다른 쪽 끝에는 생성물이 있는 균형을 이룬 시소로 생각할 수 있다. 마지막 예에서는 H_2O가 왼쪽에, OH^-와 H^+는 오른쪽에 있었다.

그 예에서는 H^+를 오른쪽에 첨가함으로써 평형이 깨졌다. 그런 다음에는 어떤 일이 일어날까?

프랑스의 화학자 **르샤틀리에**(Henry-Louis Le Chatelier : 1850~1936)는 화학평형이 깨질 때 어떤일이 일어나는지를 분석할 수 있는 일반 원리를 남겼다.

외부압력이 평형을 이룬 계에 가해지면 과정은 그런 압력을 줄이는 방향으로 나아간다.

예를 들어 만약에 $aA+bB \rightleftarrows cC+dD$가 평형에 있으면 반응물 **A**를 첨가할 때 반응은 오른쪽으로 진행된다. 그러면서 더 많은 **A**를 소모한다.

우리가 본 예에서는 $H_2O \rightleftarrows H^+ + OH^-$의 오른쪽에 많은 양의 H^+를 첨가하는 것이 반응을 왼쪽으로 진행되게 했다.

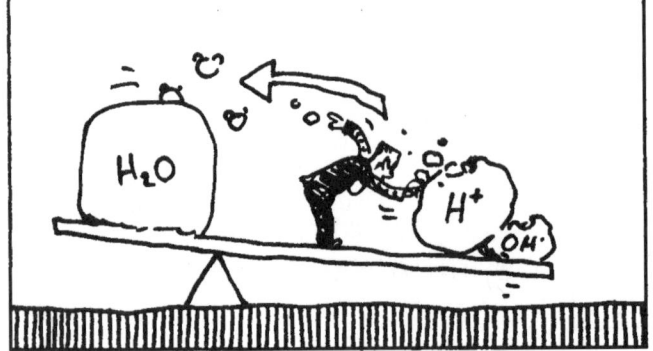

$[OH^-]$는 급격히 떨어졌고, 사라진 모든 $OH-$ 이온들은 H^+를 하나씩 데리고 갔으니 이로 인해 $[H^+]$가 낮아졌다.

그래도 결국에는 H^+가 꽤 많이 남았어요!

르샤틀리에는 자신의 원리를 **암모니아**(NH_3)의 합성에 적절히 적용했는데 이 암모니아는 비료에서부터 폭발물에 걸쳐 수많은 생산품들의 핵심 원료이다.

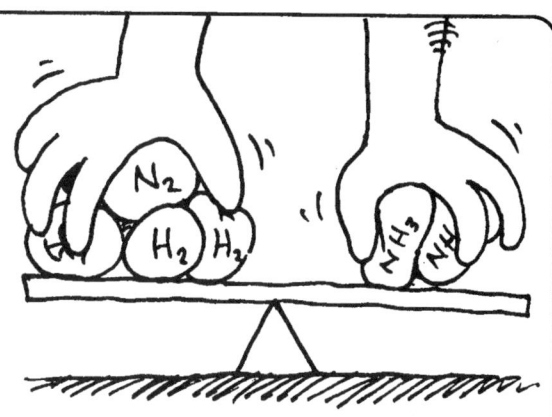

$$N_2(g) + 3H_2(g) \rightleftharpoons 2NH_3(g)$$

압력을 높이면 그의 원리에 따라, 반응은 **압력을 감소시키는 방향**으로 진행된다.

왼쪽에 기체분자가 4몰 있는 반면 오른쪽에는 2몰밖에 없다. 기체법칙에 따르면 압력은 몰수에 직접적으로 비례하기 때문에 **반응이 몰수가 더 적은 쪽으로** 진행될 때 압력은 완화된다. 즉 오른쪽으로 진행된다는 말이다.

1901년 르샤틀리에는 압력이 200기압인 철제 '폭탄'을 600°C로 가열하여 이러한 합성을 시도하였다. 불행하게도 공기가 새는 바람에 폭탄은 폭발하였고…

결국 르샤틀리에는 이 비옥한 연구의 영역을 포기했다.

5년 후, 독일의 **하버**(Fritz Haber : 1868~1934)는 르샤틀리에가 실패한 데에서 성공하였고 그 이후로 암모니아의 합성은

하버법
으로 알려지게 되었다.

"암모니아 합성의 발견을 놓쳐버리고 말았다. 이것이 과학자로서의 내 생애 중 가장 큰 실수였다."
—르샤틀리에

이 장에서는 반응속도에 영향을 미치는 여러 가지 요인을 살펴보았다.

농도 : 농도를 증가시키면 반응속도가 빨라진다.

온도 : 온도를 높이면 반응속도가 빨라진다.

활성화에너지 : 촉매를 이용해서 이를 낮추면 반응속도가 빨라진다.

그리고 반응생성물의 형성이 어떻게 역반응을 시작해서 **평형**에서 정반응을 따라잡는지 보았다.

다음 장에서는 평형의 개념 그리고 평형상수를 훌륭히 활용하는 예에 대해 살펴볼 것이다.
그리고 10장에서는 깊이 들어가 평형이 **정말로 무엇을 뜻하는지** 알아볼 것이다.

Chapter 9
산/염기의 기본

시큼하고 강력한 **산**은 어디에나 있다. 샐러드 드레싱, 빗물, 자동차 배터리, 탄산음료 그리고 우리 뱃속에도 있다. 산은 화상을 일으키거나, 부식 소화도 시킬 수도 있으며 음식이나 음료수에 기분 좋게 톡 쏘는 맛을 줄 수도 있다.

쓰고 미끈미끈한 **염기***는 덜 친숙할지 모르지만 사실 산만큼 흔하다. 맥주, 버퍼린**, 비누, 베이킹소다, 하수구를 뚫는 뽕뽕 등에서 찾을 수 있다.

산과 염기는 때로는 유용하고 때로는 유해하지만, 아무튼 평형상수를 연습할 수 있는 좋은 기회를 제공해준다!

---

* 옮긴이 주 : 염기로 번역되는 'base'는 기본을 뜻한다. 염기는 산과 반응해서 염을 만드는 염의 기본 물질이라는 뜻이다.
** 옮긴이 주 : 산성인 아스피린을 약간 중화시킨 두통약.

산과 염기는 양성자, 즉 수소이온(H⁺)을 통해 서로 밀접하게 연관되어 있다.

산은 양성자를 내주는 물질이다.
산이 셀수록 H^+를 더 쉽게 떼낸다.

벌거벗은 양성자는 거칠고 공격적인 놈들이기 때문에 강한 산은 반응성이 매우 크다.

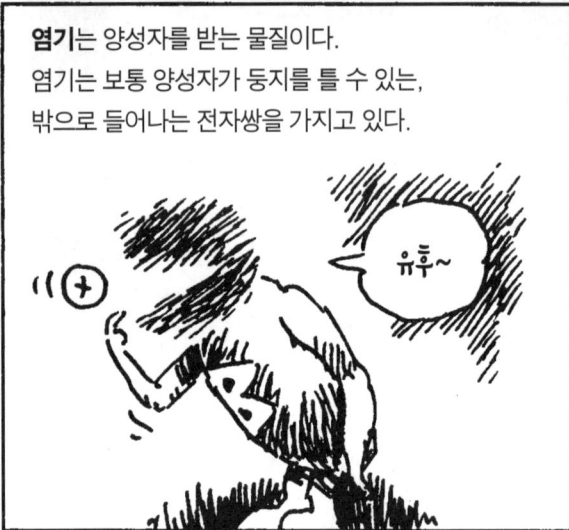

염기는 양성자를 받는 물질이다.
염기는 보통 양성자가 둥지를 틀 수 있는,
밖으로 들어나는 전자쌍을 가지고 있다.

염기가 셀수록 그 염기는 양성자와
더욱 강하게 결합하려고 한다.

알다시피, 산은 그저 염기에 붙어 있는 양성자다!
이런 방법으로 쌍을 이루는 산과 염기는
서로의 짝이라고 불린다.

원칙적으로 산이 셀수록 그것의 짝염기가 약하고,
반대로 염기가 셀수록 그것의 짝산은 약하다.

강한 산, 약한 짝염기,   약한 산, 강한 짝염기,
느슨하게 결합된 양성자   세게 결합된 양성자

몇몇 짝산-짝염기 쌍

산 (강산 → 약산 순)　　　　염기 (약염기 → 강염기 순)

산	염기
황산 H_2SO_4	황산수소이온 HSO_4^-
아이오딘산 HI	아이오딘화이온 I^-
브로민산 HBr	브로민화이온 Br^-
염산 HCl	염화이온 Cl^-
질산 HNO_3	질산이온 NO_3^-
하이드로늄이온 H_3O^+	물 H_2O
황산수소이온 HSO_4^-	황산이온 SO_4^{2-}
아황산 H_2SO_3	아황산수소이온 HSO_3^-
인산 H_3PO_4	인산이수소이온 $H_2PO_4^-$
플루오린산 HF	플루오린화이온 F^-
아질산 HNO_2	아질산이온 NO_2^-
아세트산 CH_3CO_2H	아세트산이온 $CH_3CO_2^-$
탄산 H_2CO_3	탄산수소이온 HCO_3^-
암모늄이온 NH_4^+	암모니아 NH_3
사이안산 HCN	사이안화이온 CN^-
탄산수소이온 HCO_3^-	탄산이온 CO_3^{2-}
물 H_2O	수산화이온 OH^-

주의 : 산이나 염기는 전하를 띨 수도 있지만 중성일 수도 있다.

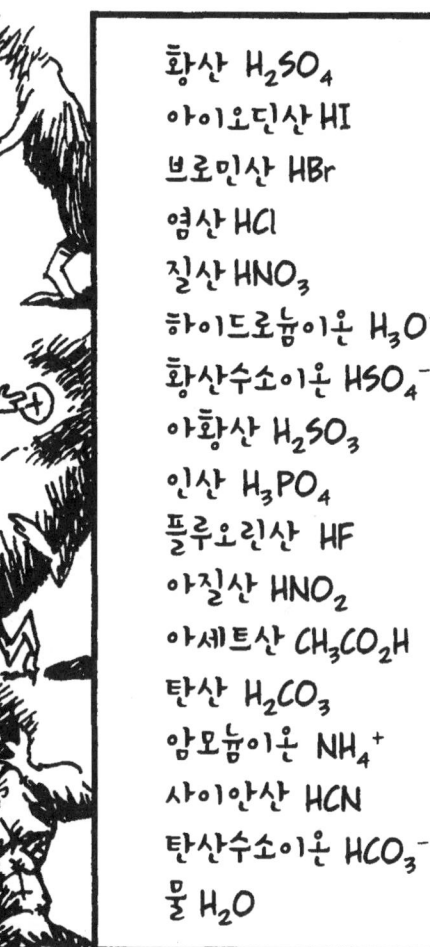

물에서의 산/염기

이제는 산의 세기를 **수치적으로** 나타내보자. 물에 용해되어 있는 산의 경우에 이게 가장 쉽다 (우리가 세상과 실험실에서 만나는 대부분의 산들은 수용성이다).

중요한 안전 수칙 : 항상 산을 물에 가해야지 절대로 그 반대로 해서는 안 된다. 강산을 다룰 때는 장갑을 끼도록 하라.

강산이 물에 녹으면 완전히 **이온화**되거나 해리된다. 예를 들어 염산은 다음과 같이 해리한다.

$$HCl \rightarrow H^+ + Cl^-$$

그러나 이 양성자는 자유롭게 돌아다닐 수 없다. 양성자의 전하는 곧 물분자 덩어리를 끌게 된다.

우리는 편의상 그 양성자를 그런 물분자들 중 하나에 붙이고 그 덩어리를 **하이드로늄이온**(H_3O^+)이라고 부른다. 결과적으로,

$$HCl + H_2O \rightarrow H_3O^+ + Cl^-$$

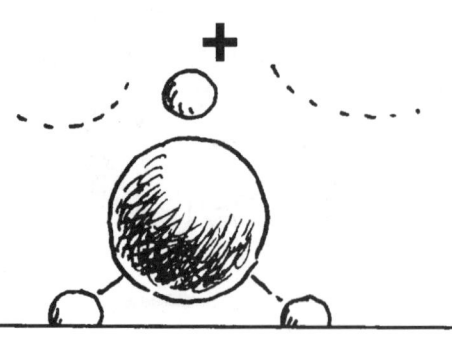

즉 물에 강산을 가하면 H_3O^+의 농도가 높아진다. H_3O^+는 강한 산이고 그 농도가 진할수록 수용액은 높은 산성이다.

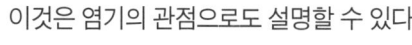

pH

[H_3O^+]는 얼마나 높을까?
8장 167쪽에서 논의했던 바를 다시 살펴보기로 하자.
물은 항상 스스로 조금씩 이온화한다.

$$H_2O + H_2O \rightleftharpoons H_3O^+ + OH^-$$

순수한 물에서는 평형일 경우 25°C에서
H_3O^+와 OH^-의 몰농도는 모두 1.0×10^{-7}몰이다.

이 반응에 대한 평형상수는

$$K_{eq} = \frac{[H_3O^+][OH^-]}{[H_2O]^2}$$

그런데 분모는 일정하거나 거의 일정하다.
556,000,000개의 물분자들 중 1개만이
이온화한다. 따라서 분자 또한 일정하다.
우리는 이것을 **물의 이온화상수**라고 부른다.

$$\begin{aligned} K_w &= [H_3O^+][OH^-] \\ &= (10^{-7})(10^{-7}) \\ &= 10^{-14} \end{aligned}$$

강산은 H_3O^+을 만들기 위해
자신이 가지고 있는 양성자들을 모두 내준다.
예를 들어 HNO_3 용액 1몰은

$$[H_3O^+] = 1M = 10^0 M$$

을 가지고 있기 때문에

$$[OH^-]는 \quad K_w/[H_3O^+]$$

$= 10^{-14}$로 떨어진다.

다른 한편으로는 NaOH와 같은 염기성 화합물은
물에 완전히 해리하고 [OH^-]를 증가시킨다.
[H_3O^+]는 이에 따라 감소한다.
1몰의 NaOH 용액에는

$$[OH^-] = 1$$
$$[H_3O^+] = 10^{-14}$$이 있다.

대부분의 실제 경우에 [H_3O^+]는
1과 10^{-14} 사이에 있다.

그런데 화학자들은 10^{-x}를 보면, 종종 그 로그값인 x를 사용하는 것이 더 간단하다고 생각한다.

화학자들은

$$pH = -\log[H_3O^+]$$

라고 정의한다.

pH는 power of hydrogen(수소의 세기)의 약자다.
pH는 약 0~14 범위의 값을 갖는다.
pH가 낮을수록 용액은 더 산성이다.
예를 들어 0.01몰의 HCl 용액의 경우

$$[H_3O^+] = .01 = 10^{-2}, \qquad pH = 2$$

pH	물질
0	5% 황산
1	위산
2	레몬 식초
3	사과, 포도 콜라, 오렌지
4	토마토, 산성화된 호수
5	커피 빵 감자
6	강물
7	우유 순수한 물, 침 눈물, 피(血)
8	바닷물 베이킹 소다
9	
10	모노 호수 물 제산제
11	
12	
13	석회수
14	양잿물, 4% 수산화나트륨

염기를 다룰 때는 pOH를 사용하는 것이 더 편할 수도 있다. 이는

$$pOH = -\log[OH^-]$$

로 정의된다. 그렇기 때문에

$$pH + pOH = 14$$ 이다.

약한 이온화 Weak Ionization

물에서 강산은 문자 그대로 세게 이온화한다. HCl이 녹으면 모든 수소가 H^+의 형태로 떨어져 나간다. 그러니까 pH는 용액에 HCl이 얼마만큼 들어 있느냐에 달렸다.

그러나 H_2SO_4와 같이 내줄 수 있는 양성자가 2개가 있는 경우에는 문제가 복잡해진다. 첫 번째 수소만이 완전히 이온화된다.

HSO_4^-는 더 약한 산이라서 양성자가 잘 안 떨어진다.

약산의 '산도'는 어떻게 지정할 수 있을까? 이런 산들은 물에서 일부만 이온화한다. 즉 HB가 수용액에 들어 있는 어떤 약산이라면, 자기가 가지고 있는 H^+를 가끔 H_2O에게 건네주고 때로는 그 양성자가 다시 돌아오게 된다.

와! 평형상수가 다가오고 있는 게 느껴져!

반응의 평형상수는 이온화의 정도를 나타낸다.

$$\frac{[H_3O^+][B^-]}{[HB][H_2O]}$$

앞에서도 그랬듯이 $[H_2O]$는 일정하기 때문에 식에서 제외시킬 수 있다.
그러면 **산의 이온화상수** K_a는 다음과 같이 정의된다.

산이 더 많이 이온화할수록 내가 커진다!

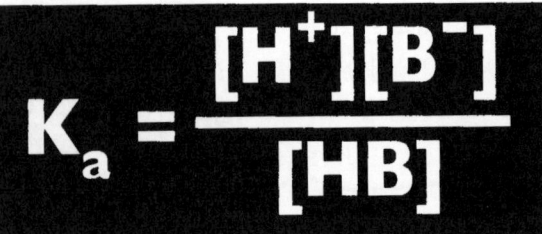

H_3O^+는 줄여서 H^+로 쓴다.

다음은 몇몇 약산들에 대한 K_a 값들이다. K_a의 값이 크다는 것은 분자가 크다는 뜻인데, 분모에 있는 화학종보다 분자에 있는 이온들이 상대적으로 더 많이 존재한다는 말이다. 즉 K_a가 더 크면 산의 세기가 더 강하다.

		K_{a1}	K_{a2}
아세트산	CH_3CO_2H	1.75×10^{-5}	
탄산	H_2CO_3	4.45×10^{-7}	4.7×10^{-11}
포름산	HCO_2H	1.77×10^{-4}	
플루오린산	HF	7.0×10^{-4}	
차아염소산	$HOCl$	3.0×10^{-8}	
질산	HNO_2	4.6×10^{-4}	
황산	H_2SO_4	크다	1.20×10^{-2}
아황산	H_2SO_3	1.72×10^{-2}	6.43×10^{-8}

K_{a2}가 무슨 뜻이냐면…

양성자를 2개 이상 내놓을 수 있는 산은 평형상수가 2개 이상이다.
예를 들어 양성자 2개를 줄 수 있는 H_2CO_3는 다음 식에 대해 K_{a1}을 가진다.

$$H_2CO_3 \rightleftharpoons H^+ + HCO_3^-$$

그리고 다음 식에 대해 K_{a2} 값을 가진다.

$$HCO_3^- \rightleftharpoons H^+ + CO_3^{2-}$$

첫 번째 양성자가 두 번째 것보다 더 쉽게 떨어진다!

한 가지 더 : 수용액에서는 몇몇 금속이온들이 산처럼 행동할 수 있다. 물에서 OH^-를 끌어당김으로써 H_3O^+를 형성하기 때문이다. Fe^{3+}이 한 예이다(금속이온의 산 작용).

$$Fe^{3+} + 2H_2O \rightleftharpoons FeOH^{2+} + H_3O^+$$
$$FeOH^{2+} + 2H_2O \rightleftharpoons Fe(OH)_2^+ + H_3O^+$$
$$Fe(OH)_2^+ + 2H_2O \rightleftharpoons Fe(OH)_3 + H_3O^+$$

산성 광산폐수는 Fe^{3+}를 포함하고 있다. 이 이온은 pH가 더 높은 강에 들어가면 '노란 녀석(yellow boy)'이라고 불리는 흉하고 끈적끈적한 침전을 형성한다.

베이킹소다를 세계에서 가장 큰 박스로 주게!

예

K_a는 약산 용액의 pH를 구하는 데 사용될 수 있다.

식초는 5%의 아세트산 용액이다. 이는 약 0.8몰에 해당한다. 물에서 0.8몰 식초용액의 pH는 얼마일까?

$$CH_3CO_2H \rightleftharpoons CH_3CO_2^- + H^+ \quad (H_3O^+ \text{를 } H^+ \text{로 줄임})$$

이온화되기 전 산의 농도는 0.8몰이다. 이온화로 인해 이 값이 x만큼 줄어든다고 한다면 다음과 같은 표를 만들 수 있다.

	CH_3CO_2H	$CH_3CO_2^-$	H^+
이온화 전의 농도	0.8	0.0	0.0
농도 변화	$-x$	x	x
평형에서의 농도	$0.8 - x$	x	x

가정1: 물로부터 온 H^+이온은 산에서 온 H^+이온에 비하면 무시할 수 있다.

평형에서의 값들을 K_a에 대한 식에 대입하자.

$$K_a = \frac{[CH_3CO_2^-][H^+]}{[CH_3CO_2H]} = \frac{(x)(x)}{(0.8-x)} = 1.75 \times 10^{-5} \quad (\text{표의 값을 참조})$$

$$\frac{x^2}{0.8} = 1.75 \times 10^{-5}$$

가정2: x는 0.8에 비해 무시할 만큼 작기 때문에 분모에서 무시할 수 있다.

$$x^2 = (0.8)(1.75)10^{-5} = 14 \times 10^{-6}$$

$$x = (14)^{1/2} \times 10^{-3} = 3.74 \times 10^{-3}$$

가정2가 입증됐다. x는 실제로 0.8보다 훨씬 작다.

BUT $x = [H^+]$, SO

$$pH = -\log(3.74 \times 10^{-3}) = 3 - \log(3.74) = 3 - 0.57$$

$$= 2.43$$

이는 또한 분자들의 이온화분율을 보여준다.

$$\frac{[CH_3CO_2^-]}{[CH_3CO_2H]} = \frac{3.74 \times 10^{-3}}{0.8} = 4.7 \times 10^{-3}$$

분자 1,000개 중 5개가 채 안되는 것이다.

같은 계산방법으로 0.08몰의 용액에 대해 문제를 다시 풀어라. 동일한 근사법을 사용하라. pH=2.93으로 답이 나오고 농도가 낮을수록 이온화되는 분자의 분율이 높아진다는 것을 알 수 있다.

다음과 같은 반응은 **가수분해**라고 한다.

$$Fe^{3+} + 2H_2O \rightleftharpoons FeOH^{2+} + H_3O^+$$

이 경우에는 산이 들어 있지만
염기가 있는 경우에도 흔히 일어난다.

염기 B^- (OH^-와 다른)가 물에 녹으면 B^-는 H_3O^+로부터 H^+를 가져간다.

$[H_3O^+]$가 낮아지니 $[OH^-]$는 K_w를 유지를 위해 높아져야만 한다.

이것은 H_2O를 분리시켰을 때만 일어날 수 있고 평형에 도달할 때까지 이 과정에서 더 많은 H^+가 만들어지며

그렇게 만들어진 H^+는 B^-가 삼켜버린다.

다시 말하면, B^-는 물을 **분해**하고 OH^-를 증가시킨다.

$$H_2O + B^- \rightleftharpoons HB + OH^-$$

이제 새로운 평형상수를 얻게 된다.
바로, **염기의 이온화상수** K_b인 것이다.

$$K_b = \frac{[HB][OH^-]}{[B^-]}$$

K_b가 클수록 염기의 세기가 강하다.
그 이유는 다음과 같다.

- K_b가 크면 $[OH^-]$가 높고 따라서 pH가 높다.

- K_b는 B^-가 H_2O에서 양성자를 떼어낼 수 있는 능력을 나타낸다.

- K_b는 K_a에 반비례한다.
  HB가 짝산이라면 다음 식이 성립한다.

염기 B	K_b
OH^- 수산화이온	55.6
S^{2-} 황화이온	10^5
CO_3^{2-} 탄산이온	2.0×10^{-4}
NH_3 암모니아	1.8×10^{-5}
$B(OH)_4^-$ 붕소산이온	2.0×10^{-5}
HCO_3^- 탄산수소이온	2.0×10^{-8}

$$K_a K_b = \frac{[H^+][\cancel{B^-}]}{[\cancel{HB}]} \cdot \frac{[\cancel{HB}][OH^-]}{[\cancel{B^-}]} = [H^+][OH^-] = K_w = 10^{-14}$$

예

0.15몰 암모니아(NH_3) 용액의 pH는 얼마인가? 다음 반응식을 이용하여 앞의 문제처럼 풀어라.

$$NH_3 + H_2O \rightleftharpoons NH_4^+ + OH^-$$

	NH_3	NH_4^+	OH^-
초기 농도	0.15	0.0	0.0
농도 변화	$-x$	x	x
평형에서의 농도	$0.15 - x$	x	x

가정1 : 물에서 온 OH^-는 무시할 수 있다.

$$K_b = \frac{[NH_4^+][OH^-]}{[NH_3]} \quad \frac{x^2}{(0.15-x)} = 1.8 \times 10^{-5}$$

가정2 : x는 0.15에 비해 무시할 수 있다.

$$\frac{x^2}{0.15} = 1.8 \times 10^{-5}$$

$x^2 = 2.7 \times 10^{-6} \quad x = 1.64 \times 10^{-3}$

$[OH^-] = 1.64 \times 10^{-3}$

$pOH = 3 - \log(1.64) = 2.78$

$pH = 14 - pOH = \mathbf{11.22}$

가정2가 결국 다시 한 번 입증됐다!

중화와 염 Neutralization and Salts

물에서 산은 H^+를 형성하고 염기는 OH^-를 형성한다.
산과 염기가 화합하면 이 이온들이 서로를 **중화**시킨다. 예를 들어

$$HCl(aq) + NaOH(aq) \rightarrow Na^+(aq) + Cl^-(aq) + H_2O$$

두 종류의 독한 화학물질이 화합하여 물에서 먹을 수 있는 평범한 소금용액을 만든다.
물이 증발하면 소금결정만이 남는다.

이것은 너무나도 항상 일어나기 때문에 **염**의 정의로 사용된다.
염은 산과 염기의 중화반응에 의해 생긴 물질이다.

중화된다는 것은 당량의 산과 염기에 의해
염이 만들어진다는 뜻이다.

산 **1당량**은 산이 물에서 완전히 이온화하는 경우 **1몰의 양성자를 내놓는 양**이다.

HCl 1당량 = 1 mol

그러나

H_2SO_4 1당량 = 0.5 mol

H_2SO_4 양성자 2개를 내놓을 수 있기 때문이다. 마찬가지로

H_2CO_3 1당량 = 0.5 mol

염기 1당량은 염기가 완전히 이온화하는 경우 1몰의 OH^-를 내놓는 양이다. 따라서

NaOH 1당량 = 1 mol
$Ca(OH)_2$ 1당량 = 0.5 mol
NH_3 1당량 = 1 mol

NH_3가 완전히 이온화한다면 다음과 같이 되기 때문이다.

$NH_3 + H_2O \rightarrow NH_4^+ + OH^-$

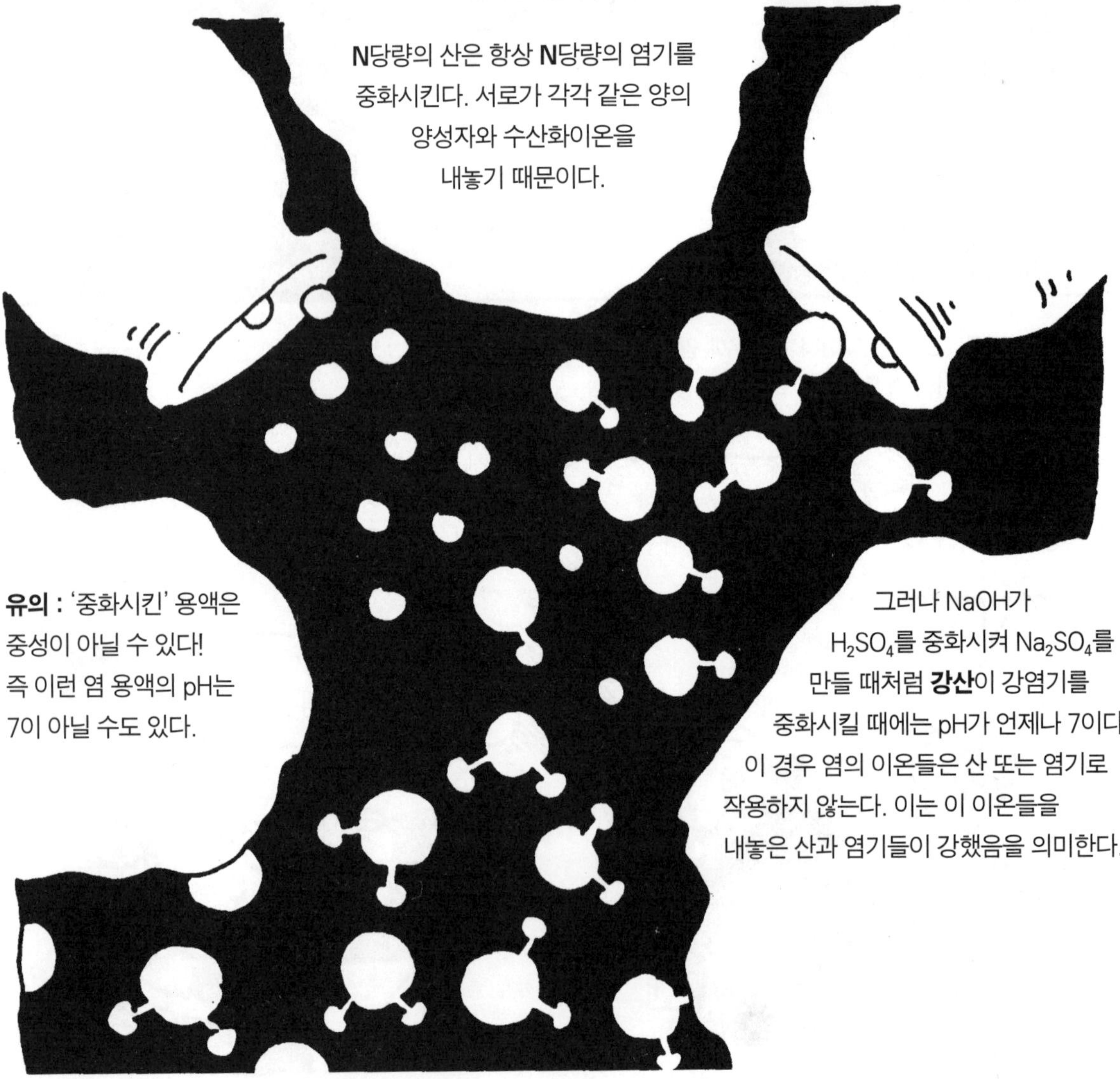

N당량의 산은 항상 **N당량**의 염기를 중화시킨다. 서로가 각각 같은 양의 양성자와 수산화이온을 내놓기 때문이다.

유의: '중화시킨' 용액은 중성이 아닐 수 있다! 즉 이런 염 용액의 pH는 7이 아닐 수도 있다.

그러나 NaOH가 H_2SO_4를 중화시켜 Na_2SO_4를 만들 때처럼 **강산**이 강염기를 중화시킬 때에는 pH가 언제나 7이다. 이 경우 염의 이온들은 산 또는 염기로 작용하지 않는다. 이는 이 이온들을 내놓은 산과 염기들이 강했음을 의미한다.

강산이 약염기를 중화시킬 때 용액은 pH < 7이다.
비료의 재료로 종종 사용되는 질산암모늄(NH_4NO_3)을 고려해보자.
NH_4NO_3는 NH_3(약염기)를 HNO_3(강산)로 중화시켰을 때 형성된다.

$$HNO_3(aq) + NH_3(aq) \rightarrow NH_4^+(aq) + NO_3^-(aq)$$

NO_3^-는 (HNO_3가 강해서) 염기성을 전혀 띠지 않기 때문에 무시할 수 있다. 이런 이온을 '구경꾼 이온'이라고 한다. 하지만 NH_4^+는 $K_a = 5.7 \times 10^{-10}$이고 약산으로 해리한다.

$$NH_4^+(aq) \rightleftharpoons NH_3(aq) + H^+(aq)$$

예

NH_4NO_3의 농도가 0.1몰이라고 하자. 용액의 pH는 얼마인가? 평소대로 표를 사용해서 계산한다.

	NH_4^+	NH_3	H^+
이온화 전의 농도	0.1	0.0	0.0
농도의 변화	$-x$	x	x
평형에서의 농도	$0.1 - x$	x	x

평소 대로의 **가정1**: 물에서 온 H^+는 무시할 수 있다.

평형에서 K_a는

$$\frac{[H^+][NH_3]}{[NH_4^+]} = 5.7 \times 10^{-10}$$

항상 사용했던 가정들을 사용한다면

평소 대로의 **가정2**: x는 0.1보다 훨씬 적고 무시할 수 있다.

$$\frac{x^2}{0.1} = 5.7 \times 10^{-10}$$
$$x^2 = 5.7 \times 10^{-11} = 57 \times 10^{-12}$$
$$x = [H^+] = 7.55 \times 10^{-6}$$
$$pH = 6 - \log(7.55) = 6 - 0.88$$
$$= \mathbf{5.12}$$

비슷하게, 강염기가 약산을 중화시킬 때 생기는 염 용액은 약간 염기성일 것이다. 예를 들어 NaOH가 CH_3CO_2H를 중화시킬 때 아세트산이온($CH_3CO_2^-$)은 약한 염기인 반면에 Na^+는 **구경꾼 이온**이다.
다음을 사용해 0.5몰의 $NaCH_3CO_2$ 용액의 pH를 스스로 구해보아라.

$CH_3CO_2^- = 5.7 \times 10^{-10}$

답: pH = 9.23

염 용액의 pH는 다음과 같이 요약할 수 있다.

염이 다음의 중화반응에 의해 형성됐을 때	pH
강산, 강염기	7
강산, 약염기	<7
약산, 강염기	>7
약산, 약염기	<7 ($K_a > K_b$)
	7 ($K_a = K_b$)
	>7 ($K_a < K_b$)

적정 Titration

적정은 농도를 모르는 용액에 강한 산 또는 염기를 한 방울씩 떨어뜨려서(적정해서) 그 용액을 중화시키는 과정이다.

예를 들어 모르는 물질이 산성이라면
이 물질을 농도를 아는 (0.5몰이라고 하자)
NaOH(강한 염기)로 적정한다.

pH는 천천히 증가한다.
종말점, 즉 산이 중화된 점에서는
pH가 급격히 증가하고
이것은 지시약의 색깔 변화로 나타난다.

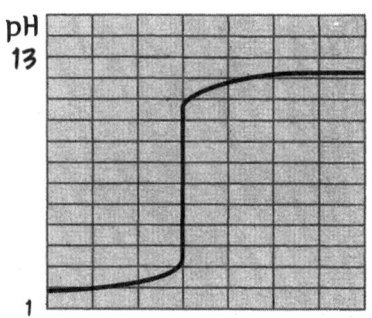

이제는 원래 용액에 얼마나 많은 당량이 있었는지 구할 수 있다.
미지의 용액 50mL가 NaOH 9.3mL를 중화시켰다고 한다면
소모된 OH^-는,

$$(0.0093 \text{ L})(0.5 \text{ mol/L}) = 0.0047 \text{ mol}$$

미지 용액 50mL에는 0.0047당량의 산이 있었는데
이것은 1L당 0.094당량(0.0047×1000/50)에 해당한다.

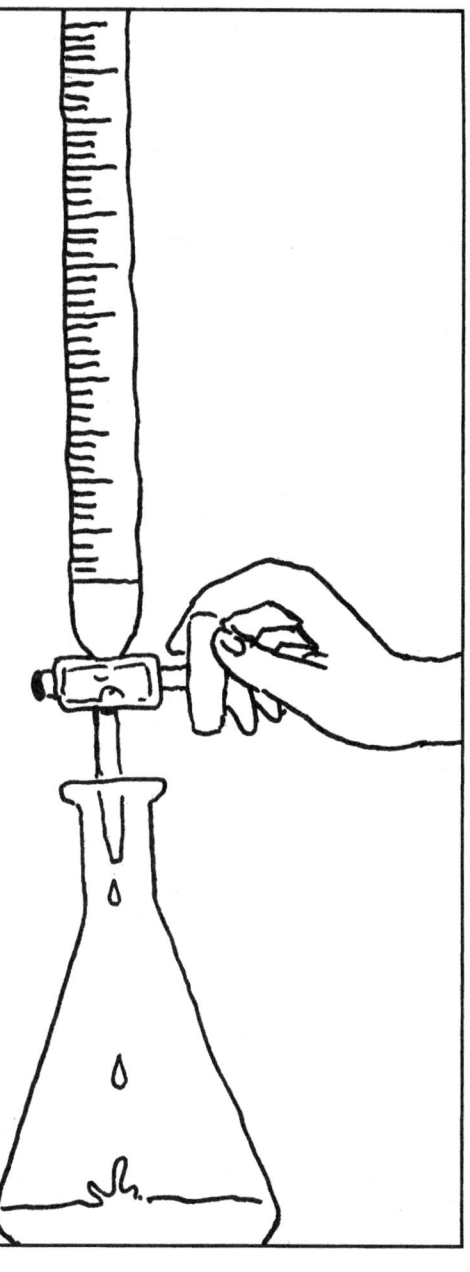

 유의 : pH는 종말점에서 7일 필요가 없다!
종말점에서의 염은 산성일 수도, 염기성일 수도 있다.

용액에서 여러 이온들이 어울리면, 재미있는 일들이 벌어진다.

용해도곱 Solubility Products

어떤 염들은 아주 녹기 쉽고, 어떤 것들은 녹기가 너무 어렵다.
염 용액이 가능한 최대 농도에 이르렀을 때 이를 '**포화됐다**'고 한다.
더 첨가되는 염은 그저 바닥에 떨어진다.

염은 이온화에 의해 물에 녹는다.

$$H_2O + A_nB_m(s) \rightleftharpoons nA^{m+}(aq) + mB^{n-}(aq)$$

여기서 양이온 **A**는 +m의 산화수를 가지고 음이온 **B**는 −n의 산화수를 가진다.
이온은 한편으로는 녹고 다른 한편으로는 석출된다. 낮은 농도에서는 정반응이 지배적이다.
포화는 평형 상태이다.

평형상수는 다음과 같다.

$$K_{eq} = \frac{[A^{m+}]^n[B^{n-}]^m}{[H_2O][A_nB_m]}$$

분모는 물과 용해되지 않은 염을 포함하는데
이 둘은 거의 일정하다.
따라서 하던 대로 분모를 무시하고
K_{sp}, 즉 용해도곱을 정의한다.

$$K_{sp} = [A^{m+}]^n[B^{n-}]^m$$

예를 들어 $CaCO_3$로 포화된 용액은 6.76×10^{-5} 몰의 칼슘농도를 나타낸다. 탄산농도 또한 6.67×10^{-5}몰이 되도록 양전하와 음전하의 균형을 맞춰야 한다. 그러면,

$$K_{sp} = [Ca^{2+}][CO_3^{2-}]$$
$$= (6.76 \times 10^{-5})^2$$
$$= 4.57 \times 10^{-9}.$$

$CaCO_3$의 용해도가 아주 낮기 때문에 Ca^{2+}이온을 이용하여 용액에 용해되어 있는 CO_3^{2-}를 침전시킬 수 있다. 예를 들어 가성소다를 만드는 반응은 다음과 같다.

$$Ca(OH)_2(aq) + Na_2CO_3(aq) \rightarrow 2NaOH + CaCO_3(s)\downarrow$$

Ca^{2+}와 CO_3^{2-}는 용해도곱이 허용하는 값 이상으로는 용액에 남지 않는다. 첨가되는 Ca^{2+}가 다음 식을 만족하는 농도에 이르자마자 탄산칼슘이 석출되기 시작한다.

$$[Ca^{2+}][CO_3^{2-}] = 4.57 \times 10^{-9}$$

다시 말해서, 많이 필요 없다는 뜻이지.

이야!

고체	K_{sp}	고체	K_{sp}
$FePO_4$	1.26×10^{-18}	$BaSO_4$	10^{-10}
$Fe_3(PO_4)_2$	10^{-33}	$PbCl_2$	1.6×10^{-5}
$Fe(OH)_2$	3.26×10^{-15}	$Pb(OH)_2$	5.0×10^{-15}
FeS	5.0×10^{-18}	$PbSO_4$	1.6×10^{-8}
Fe_2S_3	10^{-88}	PbS	10^{-27}
$Al(OH)_3$ (무정형)	10^{-33}	$MgNH_4PO_4$	2.6×10^{-13}
$AlPO_4$	10^{-21}	$MgCO_3$	10^{-5}
$CaCO_3$ (방해석)	4.6×10^{-9}	$Mg(OH)_2$	1.82×10^{-11}
$CaCO_3$ (아라고나이트)	6.0×10^{-9}	$Mn(OH)_2$	1.6×10^{-13}
$CaMg(CO_3)_2$	2.0×10^{-17}	$AgCl$	10^{-10}
CaF_2	5.0×10^{-11}	Ag_2CrO_4	2.6×10^{-12}
$Ca(OH)_2$	5.0×10^{-6}	Ag_2SO_4	1.6×10^{-5}
$Ca_3(PO_4)_2$	10^{-26}	$Zn(OH)_2$	6.3×10^{-18}
$CaSO_4$ (석고)	2.6×10^{-5}	ZnS	3.26×10^{-22}

K_{sp}는 한 이온이 다른 이온의 용해도에 미치는 효과를 알아내는 데 유용하다.

pH는 용해도에 영향을 미친다

예1

$$Ca(OH)_2 \rightleftharpoons Ca^{2+} + 2OH^-$$
$$K_{SP} = [Ca^{2+}][OH^-]^2 = 5.0 \times 10^{-6}$$

양변에 로그를 취하면,

$$\log[Ca^{2+}] + 2\log[OH^-] = (\log 5) - 6$$
$$= 0.7 - 6 = -5.3$$
$$\log[Ca^{2+}] - 2pOH = -5.3$$

pOH를 치환하면

$$pOH = 14 - pH,$$
$$\log[Ca^{2+}] = 22.7 - 2pH$$

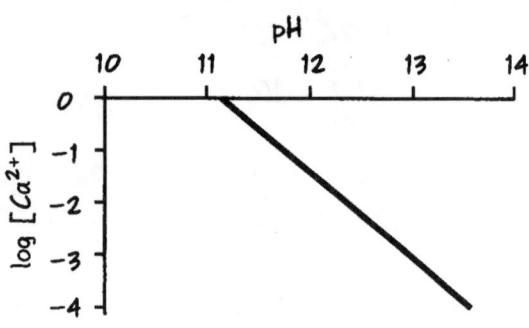

pH가 12 이하인 범위에서 $Ca(OH)_2$의 용해도는 굉장히 높아진다.

예2

$$CaCO_3 \rightleftharpoons Ca^{2+} + CO_3^{2-}$$

산이 첨가되면 CO_3^{2-}는 H^+를 받아들여 HCO_3^-를 만든다. 이 탄산수소이온은 산성과 염기성을 다 가지기 때문에 계산이 복잡해지지만, 다음 반응이 지배적으로 일어나게 된다.

$$H^+ + CO_3^{2-} \rightleftharpoons HCO_3^-$$

르샤틀리에의 원리에 따르면 H^+를 가하면 반응을 오른쪽으로 진행시켜 CO_3^{2-}를 제거하게 된다. K_{sp}를 유지하기 위해 더 많은 $CaCO_3$가 용해될 것이다.

원리를 위하여!

두 예 모두 낮은 pH의 물이 어떻게 더 많은 Ca^{2+}를 용해시키는지를 보여준다. 이것은 금속에 대해 일반적인 양상인데, 산성화된 호수에 유독성 금속이 많이 녹아 있는 이유를 설명한다.

완충용액 Buffers

염기가 양성자를 붙잡는 성향을 이용하여 강산에 의한 pH의 하락을 완화시킬 수 있다.

예를 들어 아세트산나트륨($NaCH_3CO_2$) 0.01몰 용액 1L로 시작해보자. 이 용액은 이온화하여 0.01몰의 약염기 아세트산이온을 형성한다. 이것은 아세트산의 짝염기이다.

강산인 HCl 0.01몰 1L를 가한다. 아세트산이온은 HCl이 내놓은 양성자를 거의 다 잡아먹는다.

$$CH_3CO_2^- + H^+ \rightarrow CH_3CO_2H$$

용액의 pH는 0.005몰의 아세트산 용액과 같다 (액체가 이제 2L이기 때문에 농도는 반으로 줄었다). pH는 **3.53**이다.

대신 HCl을 순수한 물에 가했다면 pH는 2.3으로 떨어졌을 것이다. 아세트산은 **물의 산도를 완화시킨다**.

즉 이를 아세트산이온이 용액을 산에 대해 **완충시킨다**고 한다.

우리가 사용한 완충용액의 pH가 8.38로 약한 알칼리성이어서 마음이 불안할 수도 있다.

그래서 기지를 발휘해 아세트산(CH_3CO_2H)을 사용하는 것이다. 이것의 짝염기는 이미 아세트산이온이므로 용액에 있는 자유 아세트산이온에게 양성자를 뺏기지 않는다.

약산으로 pH를 낮출 수 있지만 그렇게 함으로써 아세트산이온에게 양성자를 주고 싶지는 않다. 완충 능력을 감소시키기 때문이다.

어떤 용액을 0.01몰, 아세트산이온, 0.002몰 아세트산으로 만들면 pH는 5.5가 될 것이다. 그만하면 괜찮다. (계산은 다음 다음 페이지에).

더 잘된 것은 동시에 **산과 염기를 완충할 수 있다는 것!** 아세트산은 가지고 있는 H를 강한 염기에게 내어주는 반면 아세트산이온은 강산에서 양성자를 가져간다.

이렇게 해서 pH는 제한된 범위 안에서 유지된다.

완충용액을 만드는 요령은 다음과 같다. **공통된 이온**을 가지고 있는 산과 염기를 사용하라. 약산 HB를 자유로운 B^-를 내어줄 수 있도록 이온화하는 염과 섞으라.

수학을 약간 사용하면 산 또는 염기를 첨가하기 전과 후 완충용액의 pH를 모두 예측할 수 있다. 약산 HB로 시작하자.

* 옮긴이 주 : 앞에서는 pH를 H의 힘이라고 했는데, 여기서는 헨더슨-하셀바흐식이 위력 있다는 뜻.

정의에 따르면

$$K_a = \frac{[H^+][B^-]}{[HB]}$$

따라서

$$\frac{K_a}{[H^+]} = \frac{[B^-]}{[HB]}$$

양변에 로그를 취하면

$$\log K_a - \log[H^+] = \log([B^-]/[HB])$$

pK_a를 $-\log K_a$ 대신에 쓰면

$$pH - pK_a = \log([B^-]/[HB])$$

이를

헨더슨-하셀바흐식이라고 부른다.

이 완충용액에서는 염의 농도가 $[B^-]$이고 산의 농도는 $[HB]$이다. K_a는 아는 값이기 때문에 pH에 대해 풀 수 있다.

예를 들어 0.5몰의 $NaCH_3CO_2$와 0.1몰의 CH_3CO_2H가 들어 있는 1L의 완충용액을 생각하자. 아세트산의 Ka는 1.75×10^{-5}이므로

$$pK_a = -\log(1.75 \times 10^{-5})$$
$$= 4.76$$

그러면 헨더슨-하셀바흐식에 의하면 용액의 pH는

$$pH = pK_a + \log([B^-]/[HB])$$
$$= 4.76 + \log(0.5/0.1)$$
$$= 4.76 + \log 5$$
$$= 4.76 + 0.70 = 5.46$$

0.05몰 HCl 1L를 가하면 $CH_3CO_2^-$가 HCl에서 온, 실제적으로 모든 H^+와 결합한다고 가정한다.

$$CH_3CO_2^- + H^+ \longrightarrow CH_3CO_2H$$

그런 다음에 평상시대로 표를 만든다.

	CH_3CO_2H	$CH_3CO_2^-$	H^+
초기 농도	0.05	0.25	0.025
농도 변화	0.025	-0.025	-0.025
평형에서의 농도	0.075	0.225	0.0

이제 용액이 2L이기 때문에 농도가 반이 되는 것을 주의하라. 그리고 헨더슨-하셀바흐식에 따르면

$$pH = pK_a + \log \frac{[CH_3CO_2^-]}{[CH_3CO_2H]}$$
$$= 4.76 + \log(0.225/0.075)$$
$$= 4.76 + \log 3 = 4.76 + 0.48$$
$$= 5.24$$

HCl 대신에 0.04몰의 NaOH 1L를 가했을 경우에 같은 계산을 할 수 있는지 확인하라.

헨더슨-하셀바흐식은 또한 계의 pH를
맞추고 싶을 때 유용하게 쓰인다.

예를 들어 전하를 띠지 않은 분자가
쉽게 세포막을 통과하고
대사작용을 손상시킬 수 있기 때문에
물고기에게는 NH_3보다 NH_4^+가 더 유독하다.
헨더슨-하셀바흐식에 따르면

$$\log([NH_3]/[NH_4^+]) = pH - pK_a$$

만약에 $[NH_3]/[NH_4^+]$를
1,000분의 1(그것의 로그값 < -3) 이하로
만들고 싶다면

$$pH - pK_a < -3$$

이 되기 위해 pH가 충분히 낮아야 한다.
NH_4^+의 pK_a가 9.3이기 때문에 6.3 이하의
어떤 pH도 괜찮다.

약간 시큼하지만
너무 시지는
않게 해주세요.

비슷한 예로, 세균을 죽이기 위해 수영장에 HOCl을 가한다.
이 약한 산은 부분적으로 H^+와 OCl^-로 해리한다.
이게 살균력이 있어야 되겠는데 세균을 죽일 수 있도록 **유독했으면** 정말 좋겠다!
이온화하지 않은 HOCl이 살균효과가 있기 때문에
$[OCl^-]/[HOCl]$를 낮추도록 수영장의 pH를 조절한다.

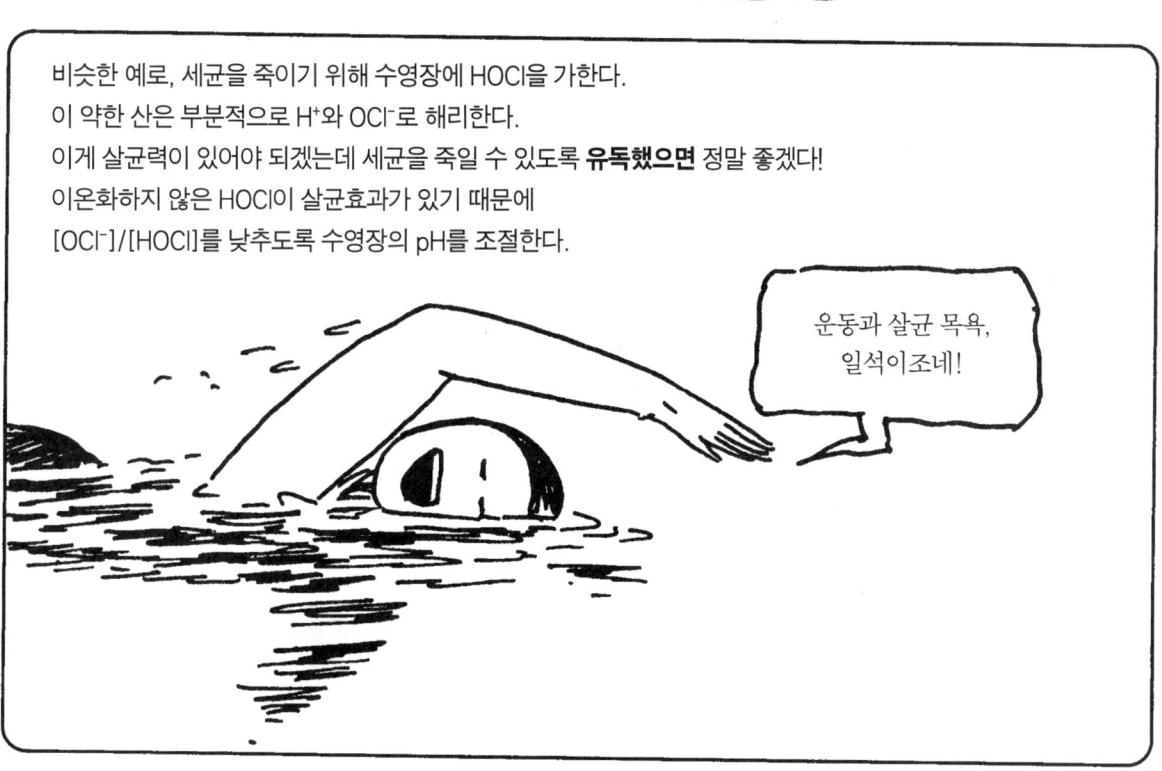

운동과 살균 목욕,
일석이조네!

이 장에서는 많은 것을 다뤘다. 산과 염기를 만났고 그 세기를 측정했으며
그 세기가 물에서의 이온화에 어떻게 연관되는지 살펴보았다.
또 중화시키고 적정하고 생성되는 염을 보았다.
산과 염기가 염의 용해도에 어떻게 영향을 미치는지,
약산과 염을 혼합하여 어떻게 완충용액을 만드는지도 살펴보았다.

다음은 완전히 다른 내용….

Chapter 10
화학열역학

모든 일이 왜 일어나는지 설명하는,
어렵고 이론적인 내용!

우주를 가만히 바라보면
그럴 수가 없을 것 같다.
멋진 나선 모양의 은하들…
다이아몬드의 위엄 있는 질서…
생명의 한없는 복잡성…
만화로 설명하기에는 부족한
화학의 신비.

이 장이 확실하게 말해주는 것은
우주는 항상 **보다 그럴듯한 방향으로 나아간다는** 점이다.

예를 들어 벽돌이 창문으로 날아 들어오면 유리가 깨지고 사방으로 날아간다.

벽돌이 바닥에 쌓인 유리조각들을 쳐서 그 유리조각들이 위로 날아가 창문을 만드는 광경은 실생활에서 본 적이 없을 것이다!

아니면, 공기를 진공 상태의 방에 주입하면 빠르게 빈 공간을 채운다.

방 안에 있는 공기가 모두 한쪽 구석으로 몰리는 것은 본 적이 없었을 것이다(만약에 본 적이 있다면 살아서 그런 거짓말을 하지 못할 것이다).

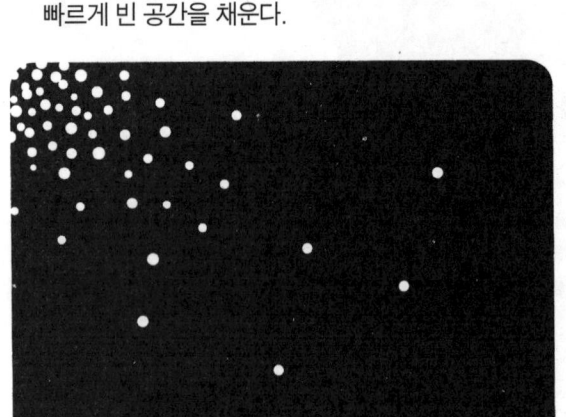

이유는 두 경우 모두 같다. 물질이 모이고 농축되는 것보다 **멀리 떨어지거나 퍼지는 방법이 더 많이 많이 많이 있다.** 퍼지는 것이 훨씬 더 가능성이 높다. 이것이 우주의 일반적인 원리다.

자발적인 과정은 물질을 퍼뜨리는 경향이 있다.

빗자루를 들고 유리파편들을 모으는 것이 농축과정이라면서 이의를 제기할 수도 있다. 물론 맞는 말이다.

하지만 비질을 하려면 몸을 움직여야 한다. 몸을 움직이면 화학반응을 통해 주위에 열을 내보내게 되어 있다.

실제로, 음식을 먹지 않았으면 애당초 움직일 수 없었을 것이고, 먹는 것 또한 여기저기로는 쓰레기를 흐트려놓는 결과를 가져온다.

먹는 음식은 결국 태양에너지에 의존하는데, 태양에너지는 엄청난 양의 물질과 에너지를 우주에 퍼뜨린다.

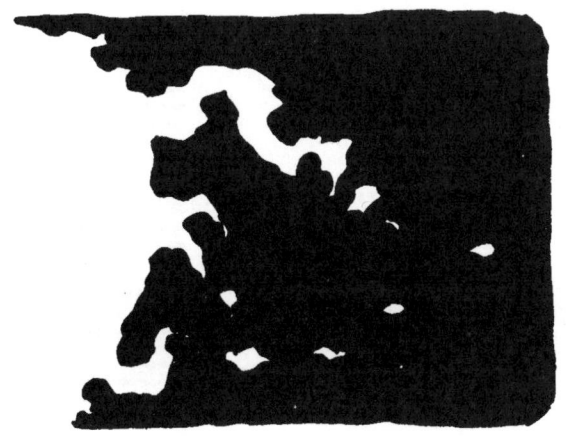

전체를 보아야 한다! 어떤 계에 물질이나 에너지를 모아들이는 모든 과정은 우주의 다른 부분에서 더 많은 것을 퍼뜨리는 **결과**를 가져온다. **따라서 우주 전체적으로는 퍼뜨리는 결과가 된다**.

화학적 계에서는 **에너지**가 퍼지는 것(퍼짐)을 고려한다.

하나의 계를 많은 분자들로 이루어진 것이라 생각하고, 지금 이 순간 그중 한 분자에 집중해보자.

분자 하나에는 운동에너지가 진동, 회전, 병진 (공간에서 날아다니는)의 형태로 저장되어 있다.

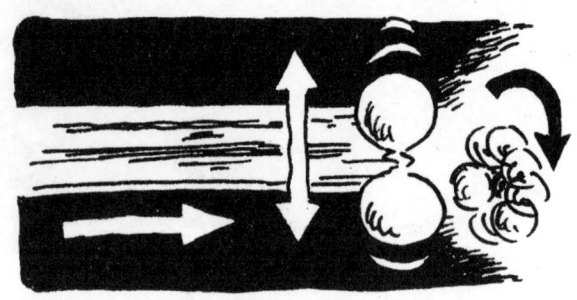

우리가 2장에서 보았듯이 이 크기에서는 에너지가 **양자화되어 있다**. 특정한 어떤 에너지 준위들만 허용되었다는 말이다.

에너지는 한 에너지 준위에서 다른 에너지 준위로 뛰는, 양자라고 부르는 묶음으로 받아지거나 내보내진다.

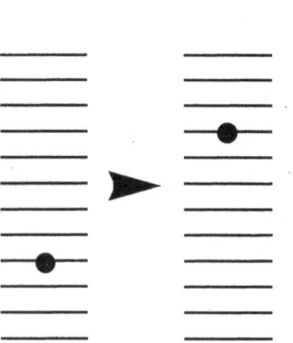

상황은 이렇다. 각 분자는 자기 고유의 에너지 준위를 가지고 있고 우리는 전체 계를 이 모든 에너지 준위들을 합친 것으로 이해할 수 있다. 그리고 엄청난 양의 양자들이 어떤 방식으로 이 준위들에 걸쳐 퍼져 있다.

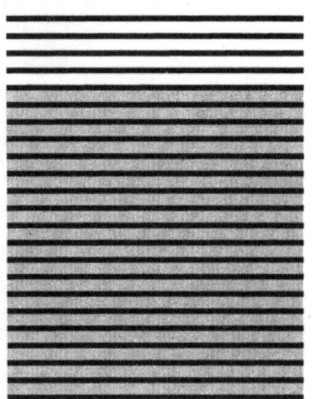

엔트로피 S

엔트로피는 에너지가 퍼지는 정도의 척도이다. 이는 열과 온도로 정의할 수 있다.

(K로 측정된) 온도 T에 있는 계에 약간의 열 q를 가해주자.*

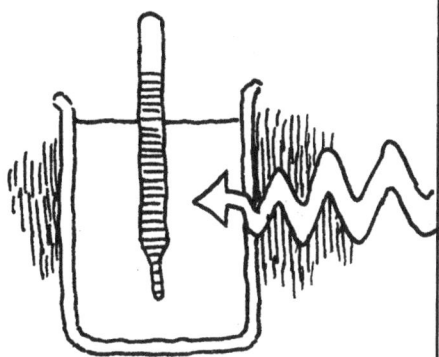

엔트로피 변화 ΔS는 다음과 같이 주어진다.

$$\Delta S = q/T$$

여기서 단위는 J/K이다.

다음 그림이 보여주듯이 ΔS는 q를 가해준 결과로 계에서 열이 추가로 **퍼져나가는 것**을 측정한다.

어떤 경우에는 q가 작은 온도 상승 ΔT를 유발한다 ($q = C\Delta T$이며 이 때 C는 계의 열용량이다). 그러면 열이 더 높은 에너지 준위로 퍼져나간다.

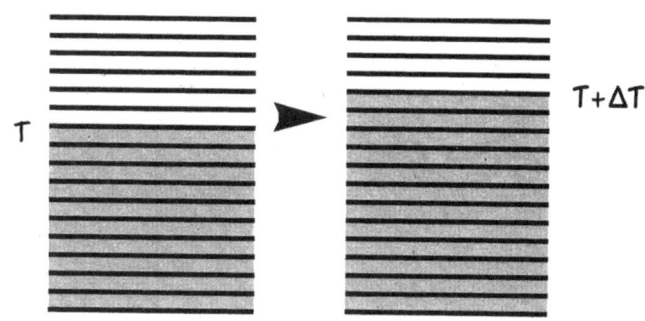

다른 경우에는 q가 상 변화(녹는 것, 증발)를 일으킨다. 이런 경우에는 온도가 일정하게 유지되지만 분자 운동이 보다 자유로워지고 낮은 에너지 준위들이 더 많이 '열리게 된다.' 열은 바로 이런 에너지 준위로 퍼져나가게 된다.

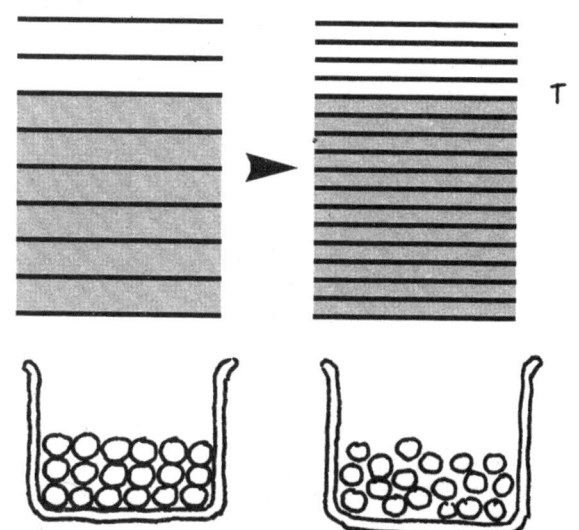

---

* 물리학자들은 q를 **가역적으로** 가해야 한다고 말한다. 즉 에너지를 추가로 소비하지 않아도 열을 되돌려 보낼 수 있어야 한다. 이는 물리적으로 불가능하지만 열을 여러 단계로 조금씩 가해주면 근사적으로 할 수 있다.

이제는 모든 물질들의 **절대엔트로피**를
계산하는 것이 가능하다.
어떤 물질을 절대 0도에서 적당한 온도,
즉 실온 25°C에 해당하는 298K로
조금씩 가열하면서 늘어나는
작은 엔트로피 증가분들을
모두 더해주면 되기 때문이다.

298K에서는 S^o라고 표기하는데
이것이 곧 **표준절대엔트로피**이다.

예를 들어 물의 표준절대엔트로피를 구하는 데는
다음 단계들이 포함된다.

완벽한 얼음결정을 절대 0도로 냉각시킨다
(실제로 가능하지 않지만 이론적으로는 할 수 있다).

천천히 **열**을 조금씩 가해주고
0에서 녹는점인 273K까지의 모든 엔트로피 변화들을
더해준다(까다로운 계산이지만 할 수 있는 일이다!).
이를 다 더하면 다음 값을 얻을 수 있다.

$$S_{273°} = 47.84 \text{ J/molK}$$

얼음을 **녹인다**. 물의 융해열은 6,020 J/mol이고
T는 273K이므로 이 때 엔트로피 증가분은

$$\frac{6020}{273} = 22.05 \text{ J/molK}$$

물을 273K에서 실온으로 **가열하고**
엔트로피 변화를 더한다. 합은 다음과 같다.

$$S_{298°} - S_{273°} = 0.09 \text{ J/molK}$$

물의 절대표준몰엔트로피를 구하기 위해
이 3개의 값을 **더한다**.

$$S^o(\text{물}) = 47.84 + 22.05 + 0.09$$
$$= \mathbf{70.0} \text{ J/molK}$$

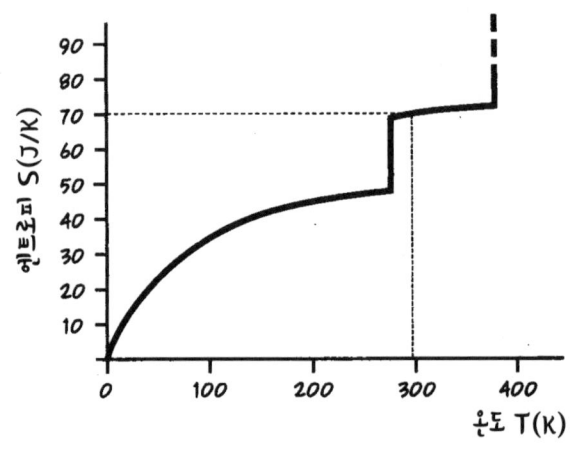

서로 다른 물질들은 열용량, 융해열, 증발열이 다르기 때문에
온도를 높이고 상태를 변화시키는 데 필요한 열의 양이 서로 다르다.
다시 말해서 모든 물질들은 자기만의 고유한 표준절대엔트로피를 가진다.

물질	표준몰엔트로피 (J/K-mol)
고체 원소	
C (다이아몬드)	2.4
C (흑연)	5.7
Fe (철)	27.3
Cu (구리)	33.1
Pb (납)	64.8
이온성 고체	
CaO	39.7
$CaCO_3$	92.2
NaCl	72.3
$MgCl_2$	89.5
$AlCl_3$	167.2
분자성 고체	
$C_{12}H_{22}O_{11}$ (수크로오스)	360.2
액체	
H_2O (액체)	70
CH_3OH (메탄올)	126.8
C_2H_5OH (에탄올)	161
기체	
H_2O (기체)	189
CH_4 (메테인)	186
CH_3CH_3 (에테인)	230
H_2	131
N_2	191
NH_3	193
O_2	205
CO_2	213
CH_3OH (메탄올, 기체)	240
C_2H_5OH (에탄올, 기체)	283

다이아몬드의 엔트로피가 놀라울 정도로 낮은 것은
움직일 수 있는 공간이 매우 적은 결정구조를
가졌기 때문이다. 원자들이 판으로 배열되어 층층이
쌓인 구조를 이루고 있는 흑연은 훨씬 더 많은
에너지 준위들을 가진다.

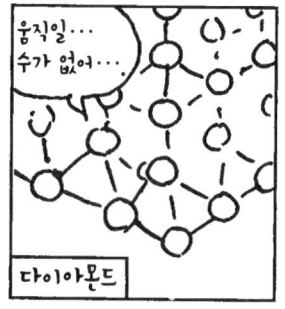
다이아몬드
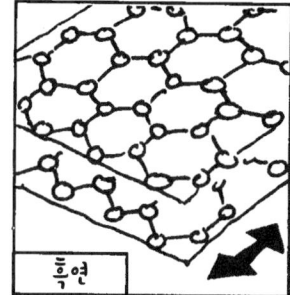
흑연

큰 분자들은 작은 분자들보다 더 큰 엔트로피를 갖는다.
움직일 수 있는 부분이 더 많기 때문이다.

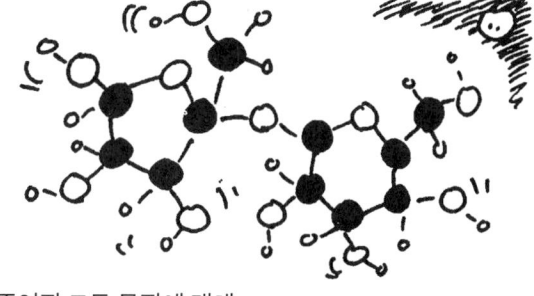

주어진 모든 물질에 대해

S^0 (고체) < S^0 (액체) < S^0 (기체)

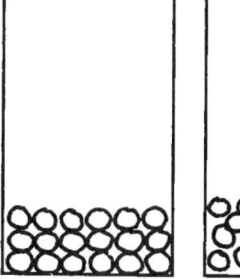  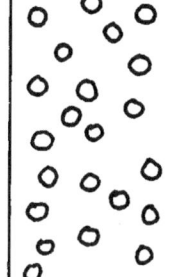

엔트로피는 물질의 조성과 내부구조와 연관되어 있기 때문에 계가 열을 받지 않아도 변할 수 있다. 예를 들어보자.

계에 있는 입자들의 **수**는
증가하거나 감소한다.
입자가 많으면 일반적으로
에너지 준위가 많다는 뜻이므로
입자의 수가 늘면
엔트로피가 높아진다.

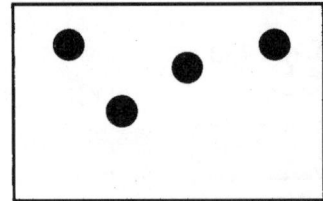
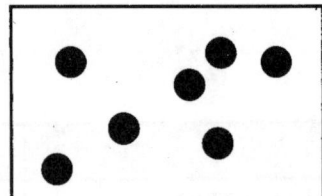

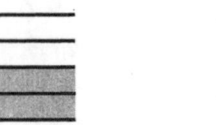
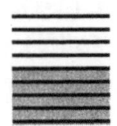

계는 **팽창**하거나 **수축**한다. 분자들이 더 큰 부피를 차지할 때 에너지 준위가 더 많아진다는 것은
참 신기한 양자역학적 사실(정말이다!)이다. 무대공간이 더 클 때 춤을 추는 사람들이
더 많은 동작들을 보여줄 수 있는 것과 같은 이치다.

이런 효과에는 방정식조차 있다.
기체가 일정한 온도에서 팽창하면

$$\Delta S = R \ln(P_0/P)$$

이 때 P_0는 초기 압력,
P는 최종 압력,
R은 기체상수이다.

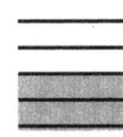
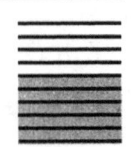

계에서 **화학반응**이 일어난다.
화학반응은 입자들의 개수와 그 입자들의 내부배열을 바꾼다.
그런데 이 현상은 너무 복잡하기 때문에
별도의 설명이 필요하다. 그래서….

엔트로피와 화학반응
Entropy and Chemical Reactions

엔트로피표는 화학자가 가지고 있는
가장 강력한 도구 중 하나이다.
이 표를 통해 어떤 반응이 (표준조건에서)
진행될 것인지 아닌지 예측할 수 있기 때문이다.

엔트로피는 우주를 지배한다. 우주는 점점 더 그럴듯한 방향으로, 즉 퍼져 있는 상태로 나아간다. 이미 지적한 대로, 이것을 엔트로피라는 말을 사용해서 표현하면 모든 과정에 대해 우주의 엔트로피가 증가해야 한다는 그 유명한 열역학 제2법칙이 된다.

$$\Delta S_{우주} > 0$$

이것 '혼자' 모든 것을 결정하지!

표준엔트로피 표로부터 반응에 참여하는
화학종들의 엔트로피 변화를 구할 수 있고
이를 ΔS라고 한다.

$$\Delta S_{계} = S^0(생성물) - S^0(반응물)$$

여기서 S는 '상태함수'이다.
이는 S가 반응의 초기 상태와 최종 상태에만 의존하고
그 사이에 있는 단계와는 무관하다는 뜻이다.

다음은 우주의 나머지를 봅시다…

한 예로, 표준 상태에서 하버법을 생각해보도록 하자. N_2, H_2, NH_3의 혼합물이 있는데 각 기체의 부분압력은 1기압이고 온도는 298K이다. $N_2 + 3H_2 \rightarrow 2NH_3$의 반응은 오른쪽으로 진행할까?

먼저 계, 즉 기체 혼합물의 엔트로피 변화를 계산하자.

$$\Delta S_{계} = S^0(생성물) - S^0(반응물)$$
$$= 2S^0(NH_3) - S^0(N_2) - 3S^0(H_2)$$
$$= -198 \text{ J/K}$$

음수네! 안 좋아.

잠깐! 증가해야 하는 것이 **전체 우주**의 엔트로피이지, 계의 엔트로피가 아니라는 것을 명심하자. 그러니 **주위**의 엔트로피 변화도 계산해야 한다.

$$\Delta S_{우주} = \Delta S_{계} + \Delta S_{주위}$$

그러나

$$\Delta S_{주위} = \frac{\text{주위의 열 변화}}{T}$$

이 열 변화는 $-\Delta H$인데, 여기서 ΔH는 5장에서 살펴본 대로 반응의 엔탈피 변화이다. 따라서

$$\Delta S_{우주} = \Delta S_{계} - (\Delta H / T)$$

이 반응의 ΔH는 생성엔탈피표로부터 알 수 있다. 실은 NH_3의 ΔH_f의 2배이다 (2몰이 생성되기 때문에).

$$\Delta H = 2\Delta H_F(NH_3)$$
$$= (2 \text{mol})(-45.9 \text{ kJ/mol})$$
$$= -91.8 \text{ kJ}$$

따라서

$$\frac{\Delta H}{T} = \frac{-91,800 \text{ J}}{298 \text{ K}} = -308 \text{ J/K}$$

그러므로 이 반응과 연관된 전체 엔트로피 변화는

$$\Delta S_{계} - (\Delta H / T)$$
$$= -198 \text{ J/K} + 308 \text{ J/K}$$
$$= 110 \text{ J/K}$$

양의 값이다!
계의 엔트로피가 감소할지라도 충분히 많은 에너지가 **주위**로 퍼지기 때문에 반응이 정방향으로 갈 수 있는 것이다!

 이것은 깨진 유리를 쓸어 모으는 것과 비슷하다. 이 과정은 계 내에서는 에너지를 집중시키지만 이것이 일어날 수 있기 위해서는 우주의 나머지에서 에너지가 퍼뜨려져야 한다.

일정 압력과 온도에서는 **모든** 반응에 같은
접근방법을 적용할 수 있다. 만약에 ΔH가 반응의 엔탈피라면

$$\Delta S_{주위} = -\Delta H/T$$

이다. 전체 엔트로피는

$$\Delta S_{우주} = \Delta S_{계} + \Delta S_{주위}$$

이는 다음과 같이 된다.

$$\Delta S_{우주} = \Delta S_{계} - (\Delta H/T)$$

이것은 반응의 결과로 우주에 **퍼지는 에너지 전체**에 해당한다.

엔트로피의 정의에 따르면, 퍼지는 에너지의 전체 양은 $T\Delta S_{우주}$이다.
이를 반응의 자유에너지 변화는 $-T\Delta S_{우주}$라고 말한다.
이 마지막 표현은 미국의 화학자 깁스(J. Willard Gibbs : 1839~1903)의 이름을 따서 ΔG라고 한다(깁스함수).
마지막 식에 −T를 곱하면 ΔG에 대한 다음의 중요한 식을 얻을 수 있다.

$$\Delta G = \Delta H - T\Delta S_{계}$$

$\Delta S_{우주} > 0$이면
반응은 **자발적**이다.
다시 말해서 $\Delta G < 0$ 이면
반응이 자발적인 것이다.
$\Delta G = 0$일 때 평형에 이르게 된다.

ΔG는 주위를
고려할 필요가 없고
전적으로 계만 고려해서
구할 수 있음을 명심하자.

ΔG는 에너지가 퍼져나갈 때 일로 활용할 수 있는 양을 나타낸다.
그러니까 깁스함수를 반응이 할 수 있는 **최대의 일**로 생각할 수 있다.

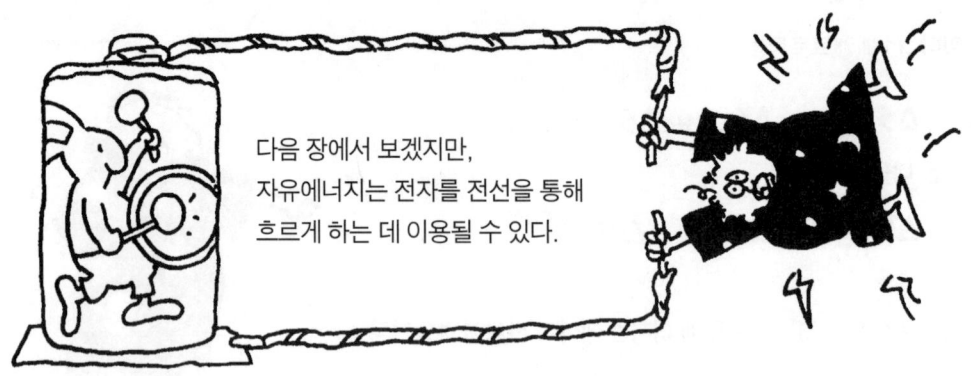

다음 장에서 보겠지만,
자유에너지는 전자를 전선을 통해
흐르게 하는 데 이용될 수 있다.

깁스함수의 두 항을 그림을 통해 생각해볼 수 있다.

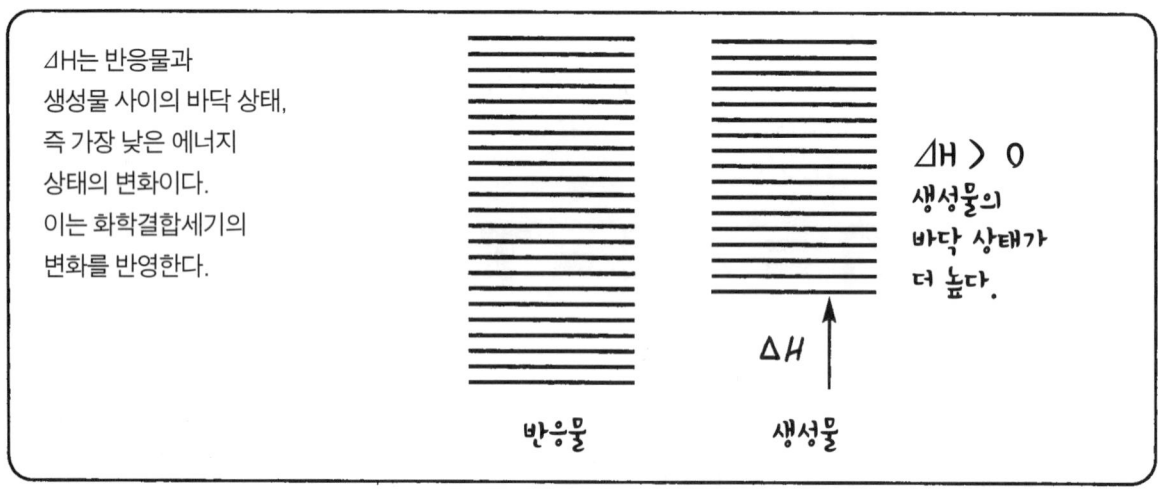

ΔH는 반응물과
생성물 사이의 바닥 상태,
즉 가장 낮은 에너지
상태의 변화이다.
이는 화학결합세기의
변화를 반영한다.

ΔH > 0
생성물의
바닥 상태가
더 높다.

계의 엔트로피 변화와 관련되는
에너지 −TΔS는
반응물과 생성물 사이의
운동에너지 상태의 변화,
즉 크기, 모양, 분자들의 배열 등의
차이를 반영한다.

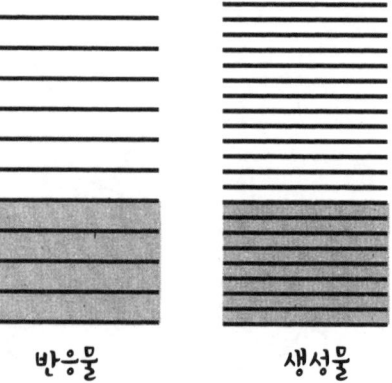

ΔS > 0
생성물은 채워야 할
에너지 준위들이
더 많다.

ΔH와 ΔS(이제부터는 항상 ΔS_계를 가리킨다)의 부호에 따라 네 경우로 나누는 것이 편하다.

ΔH < 0 발열반응
ΔS > 0 계의 엔트로피 증가

ΔG는 항상 음수. 반응은 모든 온도에서 자발적이다.

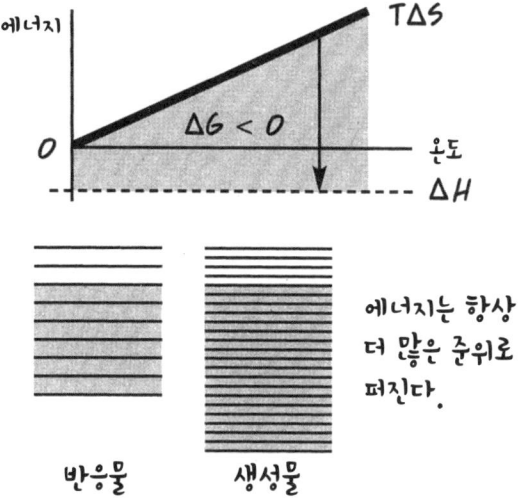

에너지는 항상 더 많은 준위로 퍼진다.

ΔH > 0 흡열반응
ΔS < 0 계의 엔트로피 감소한다

ΔG는 항상 양수. 반응은 절대로 자발적이지 않다.
역반응은 항상 자발적이다.

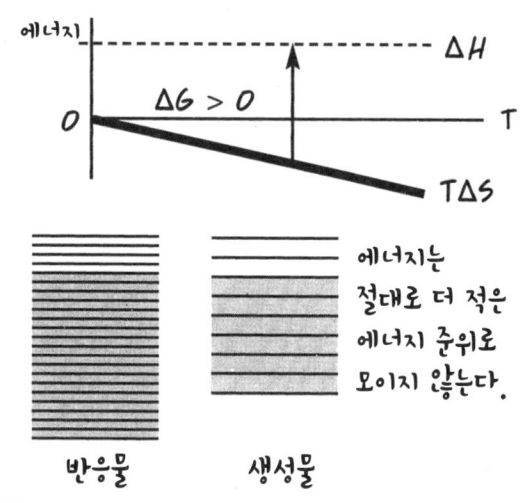

에너지는 절대로 더 적은 에너지 준위로 모이지 않는다.

ΔH > 0 흡열반응
ΔS > 0 계의 엔트로피 증가

ΔH > TΔS일 때 ΔG < 0
계의 엔트로피 상승에 의해 퍼진 에너지 TΔS는 주위에서 들어온 에너지 ΔH보다 커야 한다.

T > ΔH/ΔS 일 때 자발적이다.

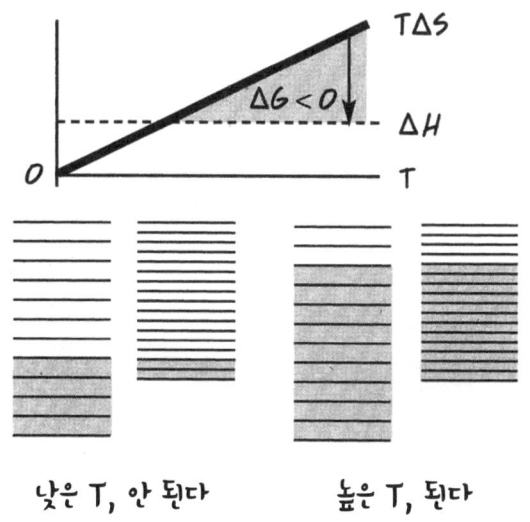

낮은 T, 안 된다   높은 T, 된다

ΔH < 0 발열반응
ΔS < 0 계의 엔트로피 감소

TΔS는 계의 엔트로피 감소로 잃어버린 에너지
반응이 더 많은 에너지를 방출할 때, 다시 말해서
ΔH < TΔS, 즉 T < ΔH/ΔS일 때만 ΔG < 0이다.

낮은 T에서만 자발적이다.

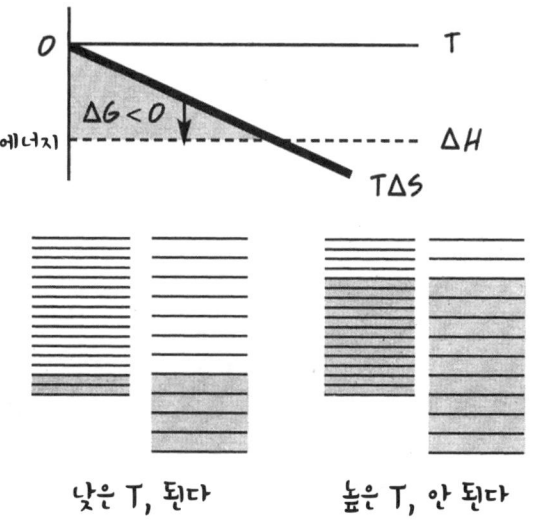

낮은 T, 된다   높은 T, 안 된다

다시 말해서 깁스함수의 구성요소 ΔH와 $T\Delta S$를 통해(일정한 T와 P 조건에서) 반응이 자발적으로 일어날 수 있는 온도 범위를 예측할 수 있다.

앞에서 살펴보았듯이 하버법에서는 $\Delta S < 0$, $\Delta H < 0$이다. 따라서 온도가 상승하는 것은 반응을 저해한다.*
이 경우의 해결책은 르샤틀리에의 입장에서 압력을 높이는 것이다.

---

* 그렇지만 높은 온도에서 반응속도가 빠르기 때문에 실제로는 꽤 높은 온도에서 반응을 진행시킨다.

표준조건에서 깁스자유에너지로 무엇을 할 수 있는지 알아내고,
그다음에 부분압력이나 농도가 다른 경우에 대해 이 함수를 살짝 수정하는 것이 순서이다.

모든 물질들은 **표준생성자유에너지** G_f^0를 가진다.
이것은 물질이 표준조건에서
그 구성원소들로부터 만들어졌을 때의
자유에너지 변화이다.
다시 말해서, 이는

원소 ⟶ 물질의 ΔG이다.

화학자들은 당연히
그런 값들을 나열한 엄청난 표를 만들었다.
여기에는 작은 표를 실었다.

물질	G_f^0 (kJ/mol)
CO_2 (기체)	-394.37
NH_3 (기체)	-16.4
N_2 (기체)	0
H_2 (기체)	0
CaO (고체)	-604.2
H_2O (액체)	-237.18
H_2O (기체)	-228.59
O_2 (기체)	0
H^+ (수용액)	0
OH^- (수용액)	-157.29

생성엔탈피의 경우와 마찬가지로* **표준조건에서 일어나는 모든 반응들**의 자유에너지 변화는
반응물과 생성물의 표준생성자유에너지의 차와 같다.

$$\Delta G = G_f^0(\text{생성물}) - G_f^0(\text{반응물})$$

화학자들은 큰 테이블을 좋아하죠!

ACS 연례 무료 뷔페

* 107쪽 참조.

반응이 표준 상태(T=298K, P=1기압)에서 일어난다는 것을 표시하기 위해 ΔG^0라고 쓰자. 압력을 변화시키면 어떤 일이 일어날까?

일정한 온도하에서, 기체의 압력이 P_0에서 P로 변하면 엔트로피 변화는 아래 식을 따른다. (증명 없어 죄송!)

$$\Delta S = R \ln(P_0/P) \quad (R은\ 기체상수)$$

압력 변화에 열의 이동이 없다(즉 $\Delta H=0$). 따라서 이 과정(즉 압력 변화)의 자유에너지 변화는

$$G_f - G^0_f = \Delta H - T\Delta S = -T\Delta S = -RT\ln(P_0/P)$$

$$G_f = G^0_f - RT\ln(P_0/P) = G^0_f + RT\ln(P/P_0)$$

$$= G^0_f + RT\ln P$$

(표준 상태에서 $P_0=1$)

훌륭하다! 이제 P를 변화시키고 T=298K로 일정할 때의 반응을 고려해보자.

$$\Delta G = G_f(생성물) - G_f(반응물)$$

다음 균형을 맞춘 가상적 반응을 고려하자.

$$aA + bB \rightleftharpoons cC + dD$$

A, B, C, D가 P_A, P_B, P_C, P_D의 부분압력으로 섞여 있는 기체라고 가정하자. 그러면

$$\Delta G = G(생성물) - G(반응물)$$

$$= G^0_f(생) - G^0_f(반) + RT(c\ln P_C + d\ln P_D - a\ln P_A - b\ln P_B)$$

$$= \Delta G^0 + RT\ln\left(\frac{P_C^c P_D^d}{P_A^a P_B^b}\right)$$

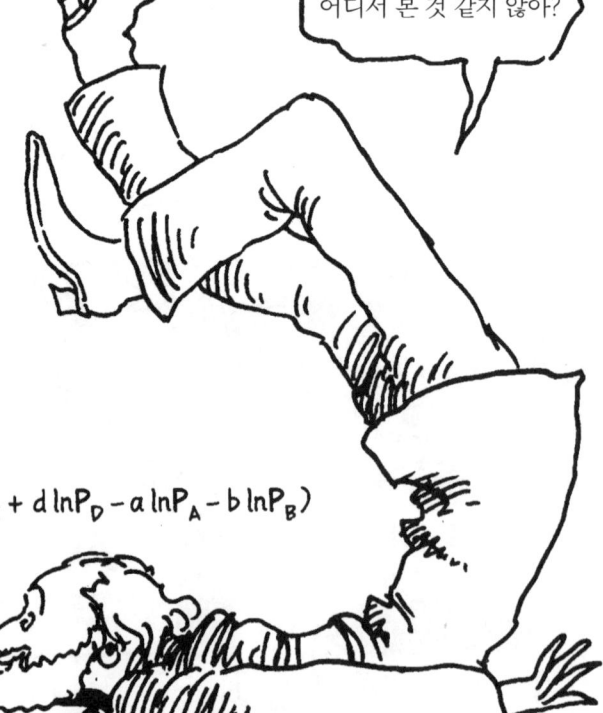

또 평형

$$Q = \frac{P_C^c P_D^d}{P_A^a P_B^b}$$

위의 비율은 **반응지수**라고 한다. Q는 생성물이 반응물에 비해 적을 때 작고 그 반대일 때 크다. 만약 A, B, C, D가 용해된 화학종이라면 다음과 같이 쓸 수도 있다.

$$Q = \frac{[C]^c [D]^d}{[A]^a [B]^b}$$

그리고 다음은 여전히 유효하다.

$$\Delta G = \Delta G^0 + RT \ln Q$$

Q가 충분히 작을 때 $\Delta G < 0$ 이고 Q가 충분히 클 때, 즉 C와 D가 많이 존재할 때 $\Delta G > 0$임을 주의하라.

다시 말하면 Q가 작으면 반응은 정방향으로 진행하는 거야! Q가 크면 반응이 역방향으로 진행하는 것이고!

알겠습니다.

평형은 $\Delta G = 0$ 또는

$$RT \ln Q = -\Delta G^0 \text{ 또는}$$

$$Q = e^{(-\Delta G^0 / RT)} \text{ 인 경우에 해당한다.}$$

K!

여기 있는 모든 게 상수지!

이것이 평형상수의 두 번째 유도과정이다! 이에 따르면 평형에서는 다음 값이 상수이다.

$$\frac{[C]^c [D]^d}{[A]^a [B]^b} = K_{eq}$$

부분압력에 대해서도 비슷하게 쓸 수 있다. 게다가 이제 반응을 하지 않아도 표준생성자유에너지로부터 K_{eq}를 계산할 수 있다!

$$K_{eq} = e^{(-\Delta G^0 / RT)}$$

이 식에서 T=298K이다.

이런 식으로 물의 이온화상수를 계산할 수 있는지 그냥 재미로 한번 살펴보자.

$$H_2O\ (l) \rightleftharpoons H^+(aq) + OH^-(aq)$$

$$\Delta G^0 = G^0_f(\text{생성물}) - G^0_f(\text{반응물})$$

표의 값을 취하면

$$G^0_f(H_2O\ (l)) = -237.18\ kJ/mol$$
$$G^0_f(OH^-(aq)) = -157.29\ kJ/mol$$
$$G^0_f(H^+(aq)) = 0$$

따라서

$$\Delta G^0 = -157.29 - (-237.18) = 79.89\ kJ/mol$$
$$= 79{,}890\ J/mol$$

$$\begin{aligned}K_{eq} &= e^{(-\Delta G^0/RT)} \\ &= e^{(-79{,}890)/(8.3134)(298)} \\ &= e^{-32.25} \\ &= 9.9 \times 10^{-15} \\ &= 10^{-14}\text{에 충분히 가깝다!}\end{aligned}$$

놀라워라! 값이 나왔네!

당연히 나오지….

아니, 정말 **충격적**이란 말이야!

그 정도가 충격적이라고? 그렇다면 **이걸** 한번 보게.

Chapter 11
전기화학

배터리가 떨어질 때까지
빛을 내고 종이 울리게 하는
전기화학

앞 장에서
화학반응에서 에너지를
얻을 수 있다고 했을 때,
실은 비밀리에 특정한
에너지를 염두에 두고 있었다.
바로 **전기**에너지다.

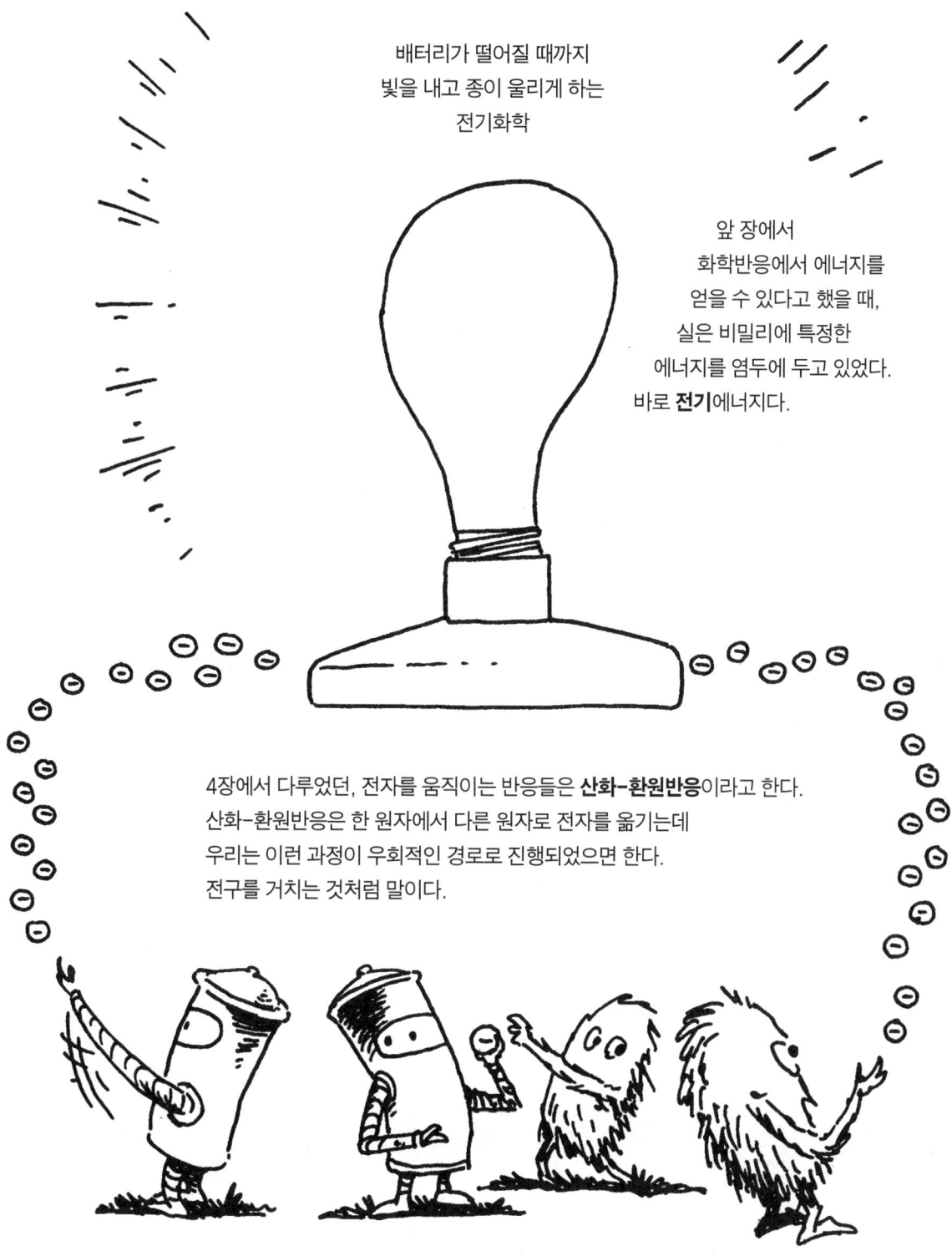

4장에서 다루었던, 전자를 움직이는 반응들은 **산화-환원반응**이라고 한다.
산화-환원반응은 한 원자에서 다른 원자로 전자를 옮기는데
우리는 이런 과정이 우회적인 경로로 진행되었으면 한다.
전구를 거치는 것처럼 말이다.

돌아온 산화-환원

산화-환원을 뜻하는 **redox**는 **reduction**(환원)-**oxidation**(산화)의 줄임말이다.
산화-환원반응에서는 전자를 주는 원자가 산화되고 전자를 받아들이는 원자가 환원된다.

산화수는 원자가 전자를 잃거나 얻어서 가지게 된 전하이다. 예를 들면 다음과 같다.

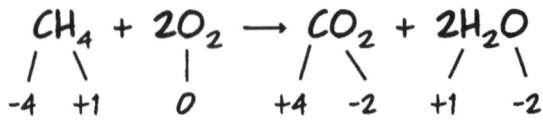

환원(reduction)은 항상 산화수를 줄인다(reduce)!

식의 좌변에는 산소의 산화수가 0이다. 그런데 이들이 각각 전자를 2개 받아들이면 −2로 환원된다.
이러한 8(2×4)개의 전자들은 탄소에서 빠져나오면서 탄소를 −4에서 +4로 산화시킨다.
수소는 산화도 환원도 안 된다.

4장에서는 대체로 산소와 같이 비금속에 의해 행해진 산화를 봤지만 산화-환원반응은 **금속**과 그 **이온**에도 흔히 나타난다. 예를 들어 아연은 구리보다 전자를 더 잘 내보내는데 Zn이 Cu^{2+}이온을 만나면 아연에서 구리 쪽으로 전자 2개가 넘어간다.

즉 Cu^{2+}가 Zn을 **산화시키고** Zn이 Cu^{2+}를 **환원시킨다**.

$$Zn + Cu^{2+} \longrightarrow Zn^{2+} + Cu$$

아연막대를 황산구리($CuSO_4$)* 용액에 담으면 아연금속이 천천히 산화되고 용해된다. 그러는 동안에 구리이온이 전자를 받아 순수한 금속 구리의 형태로 석출된다.

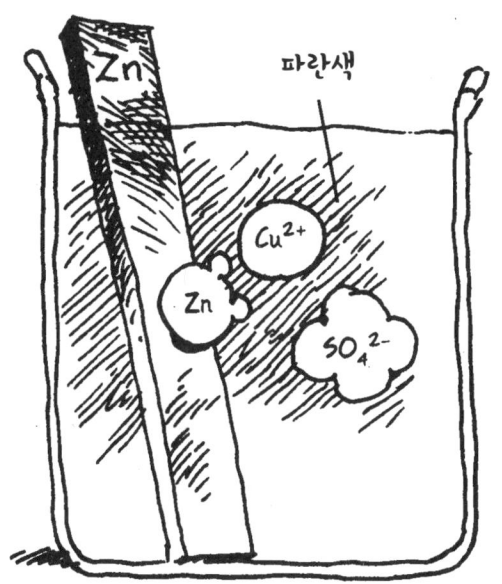

이 반응에서는 전자들이 한 종류의 원자 또는 이온에서 다른 종류의 원자 또는 이온으로 바로 이동한다. 그러나 이제는 머리를 써보자. 산화반응을 환원반응과 분리하고 두 반응을 전선으로 연결하는 것이다.

* 참고로 이 용액은 파란색이다!

1몰의 ZnSO₄ 수용액 아연막대를 담고 구리는 1몰에 CuSO₄ 용액을 담았다.
두 막대 또는 **전극**은 전선으로 연결되어 있지만 전자들은 여전히 흐르지 않을 것이다.
전하의 불균형을 초래하기 때문이다.

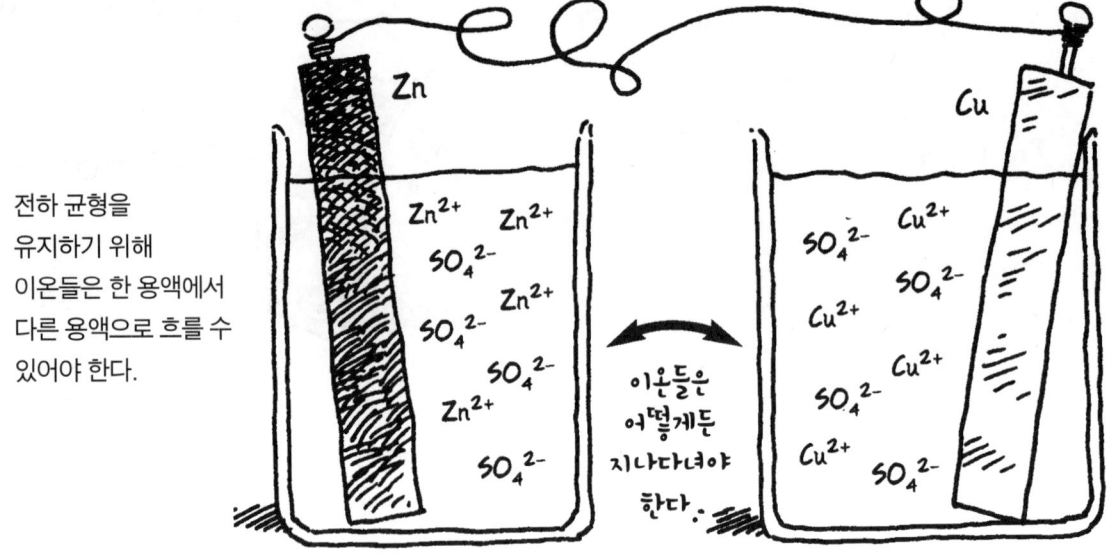

전하 균형을 유지하기 위해 이온들은 한 용액에서 다른 용액으로 흐를 수 있어야 한다.

이온들은 어떻게든 지나다녀야 한다.

이온이 다닐 수 있는 길을 만들면 전자들이 전선을 통해서 이동할 것이다.
이것이 전자들이 Zn에서 Cu^{2+}로 이동할 수 있는 유일한 길이다!
녹아 있는 Cu^{2+}는 환원되고 구리전극에 석출된다. Zn은 산화되고 녹아 들어간다.
SO_4^{2-}는 아연전극을 향해 이동한다. $[Zn^{2+}]$는 올라가고 $[Cu^{2+}]$는 낮아진다.

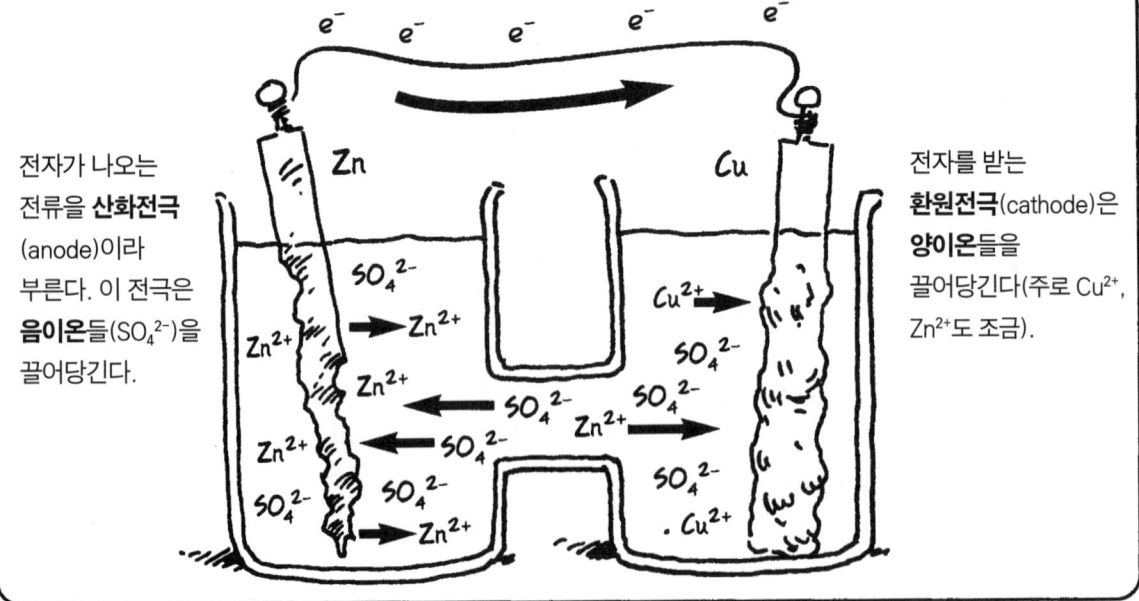

전자가 나오는 전류을 **산화전극**(anode)이라 부른다. 이 전극은 **음이온들**(SO_4^{2-})을 끌어당긴다.

전자를 받는 **환원전극**(cathode)은 **양이온들**을 끌어당긴다(주로 Cu^{2+}, Zn^{2+}도 조금).

전자들은 왜 흐를까? 그것은 상황이 전자들에게는 내리막길 같기 때문이다!
전자들은 환원전극에서 **더 낮은 위치에너지**를 갖는다. 달리 말해서,
전자들을 환원전극에서 산화전극으로 '오르막길'을 따라 밀려 외부에서 에너지를 주어야 한다.

반응이 '미는 세기'(전하당 에너지가 떨어지는 정도)를 **전압** 또는 **전위차**(ΔE)라고 한다.
단위는 **볼트**(V)인데 이에 대해서는 나중에 더 논할 것이다.
전선에 연결된 계측기는 구리-아연 반응이 **1.1 V**를 발생한다고 보여주고 있는데
이런 '전자 물꼬'를 전구나 모터 또는 종에 사용할 수 있다. 전자들이 **일을 하는 것이다**.

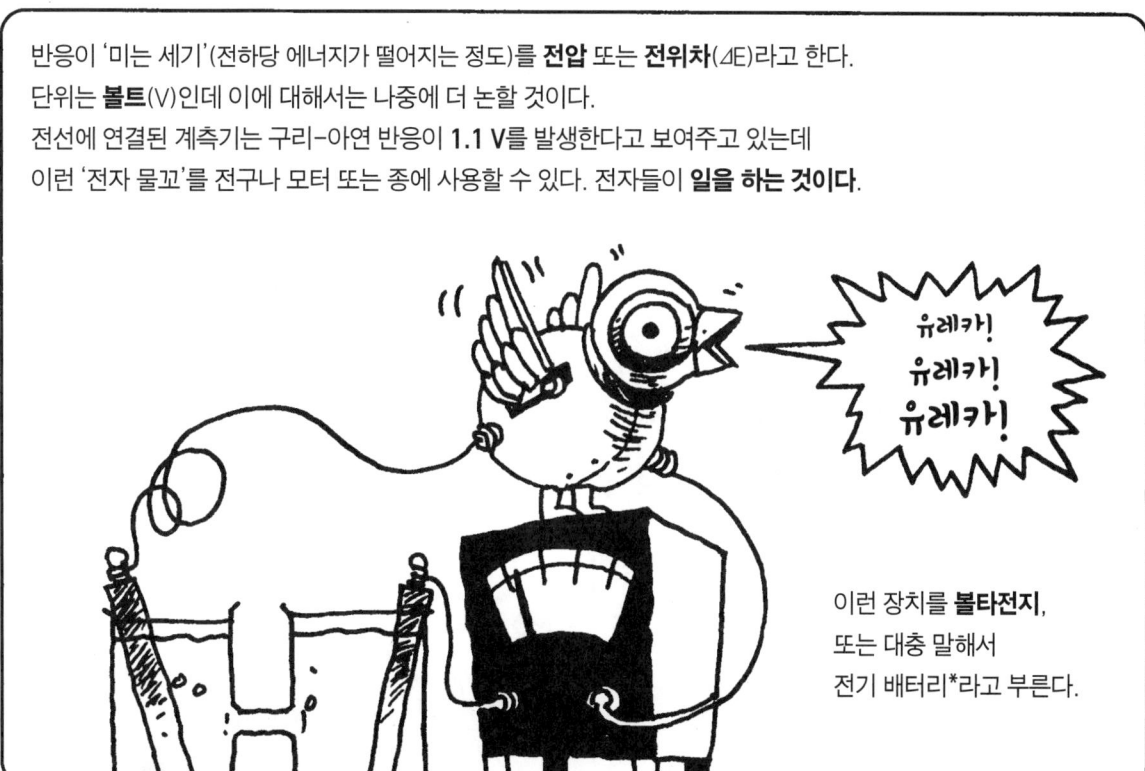

* 엄격하게 말하자면, 배터리는 여러 개의 전지를 전선으로 연결한 것이다.

화학전지가 물리적으로 환원과 산화를 떼어놓기 때문에
화학자들은 전자 이동을 서로 독립적인 **반쪽반응**의 개념을 써서 설명하길 좋아한다.
아연-구리 전극에서의 반쪽반응은 다음과 같다.

$$\text{산화} : Zn \longrightarrow Zn^{2+} + 2e^-$$
$$\text{환원} : Cu^{2+} + 2e^- \longrightarrow Cu$$

두 반쪽반응을 더하면
전자들이 양변에서 상쇄된다.

$$Zn + Cu^{2+} + \cancel{2e^-} \longrightarrow Zn^{2+} + Cu + \cancel{2e^-}$$

이외의 간단한 용액에서의 산화-환원반응과 그 반쪽반응들을 살펴보도록 하자.

철조각을 산에 넣으면 철이 H^+를 환원시키고 수소기체가 발생한다. (18세기 사람들은 이런 식으로 수소를 만들어 놀이에 사용했다!)

$$2H^+(aq) + Fe(s) \longrightarrow Fe^{2+}(aq) + H_2(g)$$

반쪽반응은 다음과 같다.

$$\text{환원} : 2H^+ + 2e^- \longrightarrow H_2$$
$$\text{산화} : Fe \longrightarrow Fe^{2+} + 2e^-$$

반면에 수소는 구리이온에 의해 산화된다.

$$H_2 + Cu^{2+} \longrightarrow 2H^+ + Cu$$

$$\text{환원} : Cu^{2+} + 2e^- \longrightarrow Cu$$
$$\text{산화} : H_2 \longrightarrow 2H^+ + 2e^-$$

참내! 구리로 가득 찬 풍선을 원하는 사람이 어디 있겠소!

모든 산화-환원반응에 대하여 ΔE를 나열하면 참 장황하겠지만 반쪽반응에 대해 E_{ox}와 E_{red}를 알면 단순히 더하면 된다.

$$\Delta E = E_{ox} + E_{red}$$

모든 전체 반응에 대한 전압은 그 반쪽반응들의 전위를 더해줌으로써 얻을 수 있다. 이게 훨씬 편하다!

그래서 예를 들어

$$E_{ox}(Zn \rightarrow Zn^{2+} + 2e^-) = 0.76V$$
$$E_{red}(Cu^{2+} + 2e^- \rightarrow Cu) = 0.34V$$

전체 반응의 ΔE는

$$0.77 + 0.34 = 1.10V$$

이런 값들은 산화된 종이 전자를 내어주는 경향, 환원된 종이 전자들을 받아들이는 경향으로 생각할 수 있다.

반쪽반응이 절대로 혼자서 일어나지 않는다면, 어떻게 반쪽반응에 전압을 부여할 수 있을까?

방법은 이렇다.
먼저, 전압이 농도, 압력, 온도에 의존하기 때문에
다음의 **표준조건**을 가정한다.
T=298K, P=1기압, 농도=1몰.
이런 반쪽반응의 전압을
표준환원전위, E^0_{red}
또는 간단하게 E^0라고 한다.

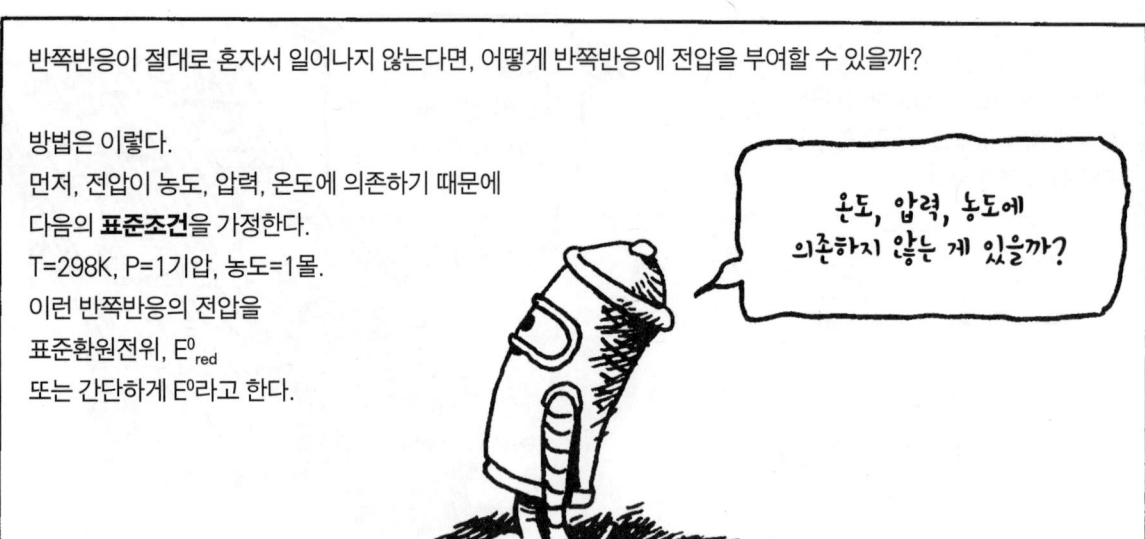

편의상 모든 **반쪽반응들을 환원반응으로 쓰기 때문에** 환원전위가 된 사용하는 것이다. 반응이 왼쪽에서 오른쪽으로 진행한다면 환원이다. 오른쪽에서 왼쪽으로 간다면 산화다.

하나 더,
모든 환원전위를
수소를 기준으로 잰다.
즉 $2H^+ + 2e^- \rightarrow H_2$라는
환원반응에 대하여
$E^0=0$으로 잡는다.

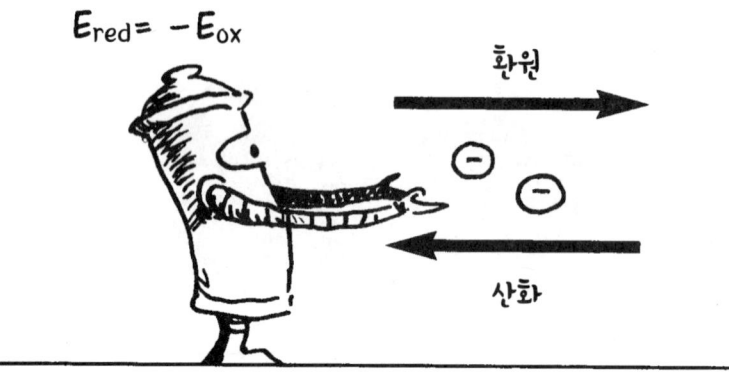

수소의 환원은 이산화플라티넘(PtO_2)란 촉매를 통해 1기압의 H_2를 pH=0인 산(표준조건에서 [H^+]=1몰일 때)에 불어넣어서 한다.

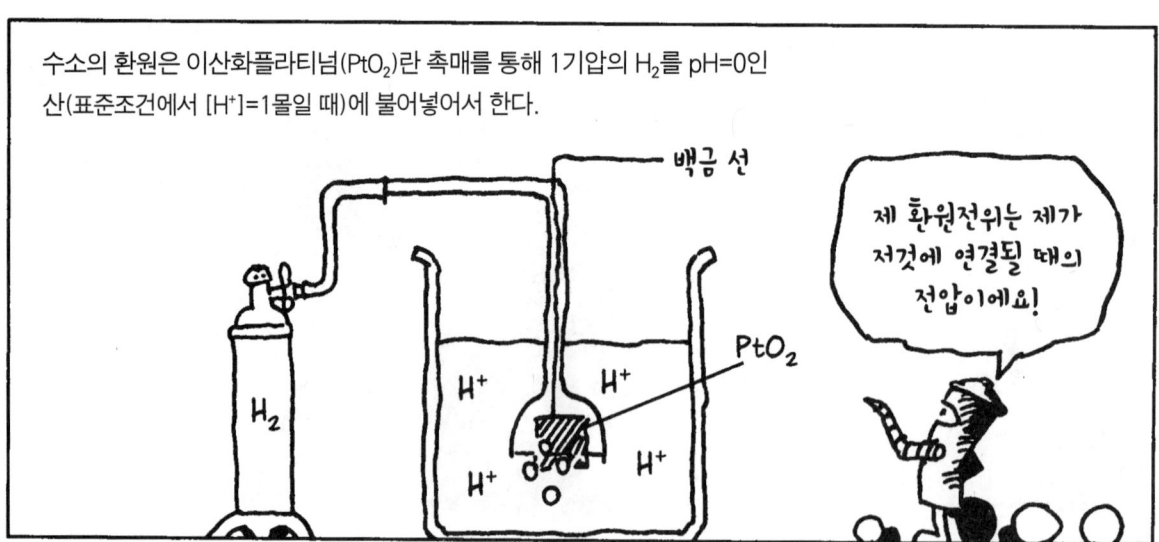

몇몇 반쪽반응들은($Cu^{2+}+2e^- \rightarrow Cu$처럼) H_2를 산화시키는 반면,
다른 반쪽반응들은 ($Fe^{2+}+2e^- \rightarrow Fe$처럼) H^+를 환원시킨다.
H^+를 환원시키는 모든 것은 **음의 환원전위**를 가질 것이다.

반쪽반응	E^O (V)	반쪽반응	E^O (V)
$Li^+ + e^- \rightarrow Li$	-3.05	$Ni^{2+} + 2e^- \rightarrow Ni$	-0.25
$K^+ + e^- \rightarrow K$	-2.93	$Sn^{2+} + 2e^- \rightarrow Sn$	-0.14
$Ba^{2+} + 2e^- \rightarrow Ba$	-2.92	$Pb^{2+} + 2e^- \rightarrow Pb$	-0.13
$Sr^{2+} + 2e^- \rightarrow Sr$	-2.89	$2H^+ + 2e^- \rightarrow H_2$	0.00
$Ca^{2+} + 2e^- \rightarrow Ca$	-2.84	$AgCl(s) + e^- \rightarrow Ag(s) + Cl^-$	0.22
$Na^+ + e^- \rightarrow Na$	-2.71	$Cu^{2+} + 2e^- \rightarrow Cu$	0.34
$Mg^{2+} + 2e^- \rightarrow Mg$	-2.38	$O_2 + 2H_2O + 4e^- \rightarrow 4OH^-$	0.40
$Be^{2+} + 2e^- \rightarrow Be$	-1.85	$Cu^+ + e^- \rightarrow Cu$	0.52
$Al^{3+} + 3e^- \rightarrow Al$	-1.66	$I_2 + 2e^- \rightarrow 2I^-$	0.54
$Ti^{2+} + 2e^- \rightarrow Ti$	-1.63	$Fe^{3+} + e^- \rightarrow Fe^{2+}$	0.77
$Mn^{2+} + 2e^- \rightarrow Mn$	-1.18	$Hg^{2+} + 2e^- \rightarrow Hg$	0.80
$Zn^{2+} + 2e^- \rightarrow Zn$	-0.76	$Ag^+ + e^- \rightarrow Ag$	0.80
$Ga^{3+} + 3e^- \rightarrow Ga$	-0.52	$Ir^{3+} + 3e^- \rightarrow Ir$	1.00
$Fe^{2+} + 2e^- \rightarrow Fe$	-0.44	$Br_2(l) + 2e^- \rightarrow 2Br^-$	1.07
$Cd^{2+} + 2e^- \rightarrow Cd$	-0.40	$O_2 + 4H^+ + 4e^- \rightarrow 2H_2O$	1.23
$PbSO_4(s) + 2e^- \rightarrow Pb(s) + SO_4^{2-}$	-0.35	$PbO_2(s) + SO_4^{2-} + 4H^+ + 2e^- \rightarrow PbSO_4(s) + 2H_2O$	1.69
$Tl^+ + e^- \rightarrow Tl$	-0.34	$F_2(g) + 2e^- \rightarrow 2F^-$	2.87
$Co^{2+} + 2e^- \rightarrow Co$	-0.27		

반쪽반응 2개가 전체 반응을 이루도록 짝지어지면 표에서
더 위쪽에 있는 반쪽반응이 산화로서 왼쪽에서 오른쪽으로 가고,
더 아래 쪽에 있는 반쪽반응이 환원반응이 된다.
전체 반응의 전압은 다음 식으로 구한다.

$$\Delta E^O = E^O(\text{아래}) - E^O(\text{위})$$

ΔE^O는 항상 양수이다!

예: 납축전지

자동차 후드 밑에 있는 배터리에는
양극이 금속 납, Pb(0)이며
산화수는 0이다.
음극은 Pb(+IV)인데,
PbO_2의 형태로 존재한다.
전극들은 강한(6몰)
황산(H_2SO_4)에 담겨져 있다.
산화와 환원은 양극과 음극
모두를 Pb(+II)로 변화시킨다.

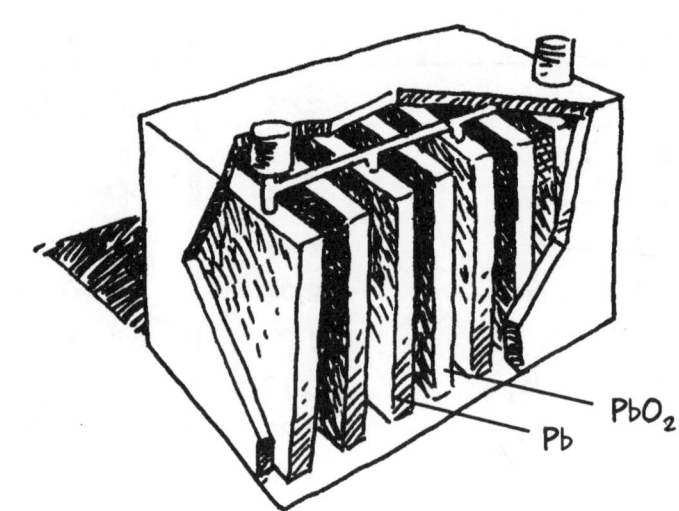

반쪽반응은 다음과 같다.

산화: $Pb(s) + SO_4^{2-}(aq) \rightarrow PbSO_4(s) + 2e^-$ $\quad E^0_{red} = -0.35\,V$

환원: $PbO_2(s) + SO_4^{2-}(aq) + 4H^+(aq) + 2e^- \rightarrow PbSO_4(s) + 2H_2O$ $\quad E^0_{red} = 1.69\,V$

전체 반응은 다음과 같이 더해진다.

$Pb(s) + PbO_2(s) + 2SO_4^{2-}(aq) + 4H^+(aq) \rightarrow 2PbSO_4(s) + 2H_2O(l)$

$\Delta E = 1.69 - (-0.35) = \mathbf{2.04\,V}$

자동차 배터리에서는 보통 이런 전지 6개를 연결해서 전체적으로 12V의 전압을 얻는다.

황산납은 불용성이어서 전극에 석출되는 반면 황산과 전극들은 소모된다.
그래서 전압이 떨어진다.

그러나 자동차가 달리고 있으면
엔진의 움직임이 **발전기**를 통해
전기에너지로 전환된다.
발전기는 전자들을 다시
배터리의 산화전극으로 밀어넣고
반응은 역방향으로 진행한다.
배터리가 **충전**되는 것이다!

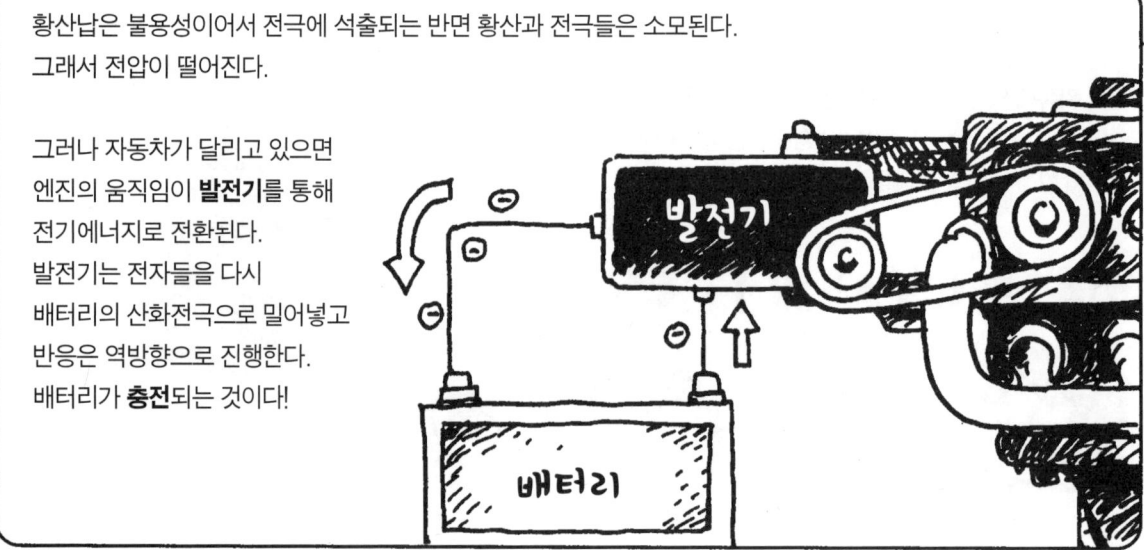

예 : 연료전지

연료전지는 산화반응에서 전기에너지를 이끌어낸다.

$$2H_2 + O_2 \rightarrow 2H_2O$$

한 종류의 연료전지에서는 수소와 산소를 고분자(플라스틱)막의 반대쪽에서 도입한다. 양성자들은 막을 통과하지만 막은 전자를 통과시키지 않는다.

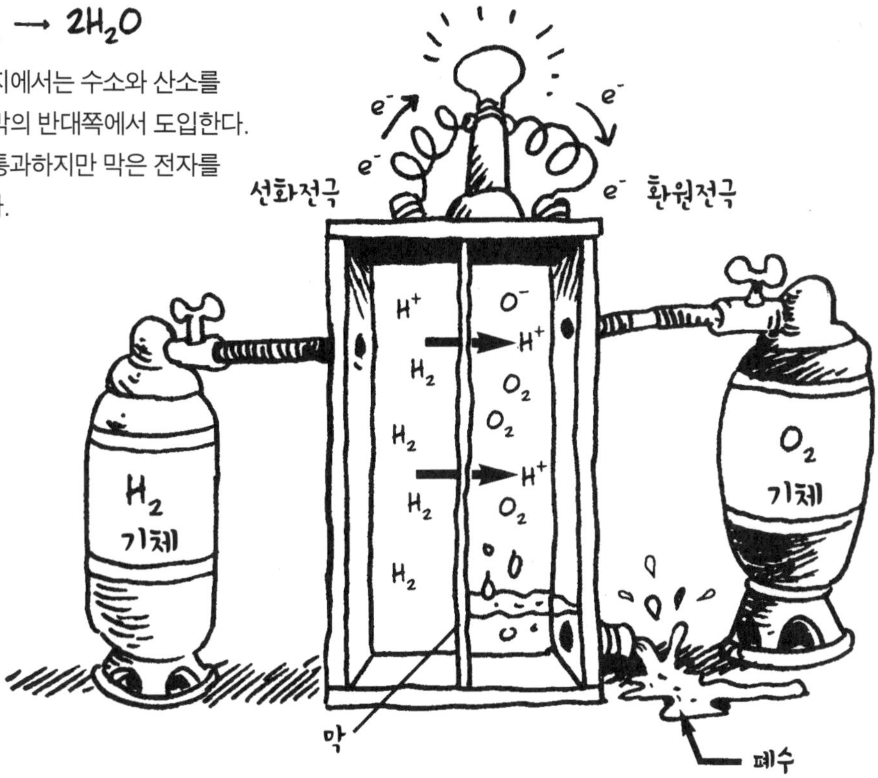

반쪽반응은 다음과 같다.

$$O_2 + 4H^+ + 4e^- \rightarrow 2H_2O \quad E^0 = 1.23\ V$$
$$H_2 \rightarrow 2H^+ + 2e^- \quad E^0 = 0$$

따라서 이론적인 전지의 전압은 1.23V이다.

실제 전압은 0.9V보다 낮다. 왜 그럴까? 전지가 100% 효율적이지 않다는 말인데 기체 중 얼마는 반응하지 않고 날아가고 계는 전기적 저항에 부딪히고 있기 때문이다. 게다가 반응의 **활성화에너지 장벽**을 극복하는 데 0.2V를 잃는다.

그나저나 애당초 수소연료를 물에서 추출해야 한다면 나오는 에너지보다 들어가는 에너지가 더 **많아지지 않나요?**

거 좋은 질문이네.

전압과 자유에너지
Voltage and Free Energy

표준조건이 아닌 압력이나 농도에서
전압이 어떻게 바뀔지 예측할 수 있을까?
답은 '그렇다'이다.
전압이란 위장된 **깁스자유에너지**에
지나지 않기 때문이다.

219쪽에서 우리는 전압은 전하당 떨어지는 에너지로 정의했다.
그래서 반응의 에너지 변화를 알려면 전압과 이동한 전하량을 곱한다.

$$\text{에너지} = \text{전압} \times \text{전하}$$

구체적으로 말하자면, 1몰 전자의 전하가 1볼트 전위차로
떨어지면 전체 에너지는 96,485줄*만큼 떨어진다.

$$1V \times 1M \text{ 전자의 전하} = 96,485J$$

이 환산인자는 **파라데이상수**라 하고
$\mathcal{F}$로 쓴다.

ΔE의 전압이 전자 n몰을 움직이면

$$\text{에너지 하락} = n\mathcal{F}\Delta E$$

이다. 이것은 전지가 잠재적으로
할 수 있는 일의 양을 나타낸다.

---

* 볼트를 정의한 사람은 분명히 화학자와는 전혀 상의하지 않을 게 틀림없다.
  화학자라면 아마도 ΔE를 1/96,485볼트나 '졸트'로 측정해서 $\mathcal{F}$를 없애버렸을 것이다.

그런데 **반응**이 할 수 있는 최대 일은 $-\Delta G$이다.
여기서 ΔG는 이 반응의 자유에너지다.
그리고 볼타전지는 실제로 산화-환원반응이다!
다시 말해서,

$$\Delta G = -n\mathcal{F}\Delta E$$

$$\Delta E = \frac{-\Delta G}{n\mathcal{F}} \text{ V}$$

어떤 일 말이죠?

어… 예컨대… 시동 모터를 작동시키는 것 같은 거지요.

음의 부호는 우리 정의의 산물이다.
전압은 에너지 하락의 크기인 반면에
ΔG는 에너지 변화를 나타낸다.
그래서 $\Delta G < 0$일 때 $\Delta E > 0$이다.
즉 산화-환원반응은 $\Delta E > 0$일 때 자발적이다.

드르릉 드르릉 드르릉 드르릉

드르릉
드르릉
드르릉
드르릉
드르릉
끼익
 끼익
  끼익
   끼익
    끼익

앞 장에서는 ΔG가 농도의 변화에 따라
어떻게 달라지는지 보았다.

$$aA + bB \rightleftharpoons cC + dD$$

위 반응에서

$$\Delta G = \Delta G^0 + RT \ln Q \text{이고}$$

여기서 Q는 반응지수이다.

$$Q = \frac{[C]^c[D]^d}{[A]^a[B]^b}$$

모든 농도에서 $\Delta E = -\Delta G/n\mathcal{F}$이기 때문에

$$\Delta E = \Delta E^0 - (RT/n\mathcal{F}) \ln Q$$

임을 알 수 있다. 이 식을 **네른스트식**이라고 부른다.
균형을 맞춘 반쪽반응의 전위는 실은
수소전극에 대해 측정된 전체 전위이니까
이 식은 또한 환원전위 E_{red}에도 들어맞는다.

$$E_{red} = E^0_{red} - (RT/n\mathcal{F}) \ln Q$$

우리가 이미 알고 있듯이,
평형에서 $\Delta G = 0$이다. 그러니 역시 $\Delta E = 0$이다.
즉 $Q = K_{eq}$일 때 배터리가 죽는다는 말이다.

네른스트식은 다방면으로 응용된다.
여기서는 pH=7일 때의
경우만 살펴볼 것이다.
(표준조건에서는 pH=0이었음을 기억하라!)
살아 있는 유기체에서의
pH는 7이다.

문제를 단순화하기 위해 H^+가 반쪽반응에서
반응물로(생성물이 아니라) 나타난다고 가정하고
다른 모든 화학종들이 표준 농도1몰이거나 이에 근접하다고 가정하자.
이 경우에는 보정된 전압을 $E^{0'}$라고 쓴다.

$$E^{0'} = E^0 - (RT/n\mathcal{F})\ln Q$$

반응이

$$hH^+ + aA + bB + \ldots \longrightarrow cC + dD + \ldots$$

이고 [A]=[B]=[C]=[D]=1이라면 반응지수에서
H^+의 농도를 제외하고 **다른 모든 값들이 1이다!**

$$Q = \frac{1}{10^{-7h}} = 10^{7h}$$

따라서

$$E^{0'} = E^0 - (RT/n\mathcal{F})\ln(10^{7h})$$
$$= E^0 - (7hRT/n\mathcal{F})\ln(10)$$

그런데 $\ln(10) = 2.3$ 이니까

$$= E^0 - [(2.3)(7)hRT/n\mathcal{F}]$$

이제는 h=n이라고 가정하자. 즉 전자 1몰당 수소 1몰이
소모되는데 이런 경우는 중성 환경에서 흔히 일어난다.
그런 후 모든 상수들을 대입시키면
다음과 같이 간단한 식이 나온다.

$$E^{0'} = E^0 - 0.41\,V!!!!!$$

신물난 사람들을 빼고요….

이제는 우리 몸속의 전압에 대해 이야기할 수 있네!

포도당의 산화 Glucose Oxidzed

포도당(글루코오스, $C_6H_{12}O_6$)은 생명의 기본적인 연료이자 세포의 핵심 성분이다. 포도당은 다음 반응식에 따라 산화된다.

$$C_6H_{12}O_6 + 6O_2 \rightarrow 6CO_2 + 6H_2O$$

반쪽반응은 다음과 같다.

$$O_2 + 4H^+ + 4e^- \rightleftharpoons 2H_2O$$
$$6CO_2 + 24H^+ + 24e^- \rightleftharpoons C_6H_{12}O_6 + 6H_2O$$

항상 그랬듯이 환원의 형태로 쓴 것이다!

두 반쪽반응 모두가 동일한 양의 H^+와 e^-를 가지고 있으므로 다음 식을 사용할 수 있다.

$$E^{0'} = E^0 - 0.41$$

223쪽의 표에 있는 산소의 환원반응으로부터

$$E^{0'} = 1.23 - .41 = \mathbf{0.82\ V}$$

산화반응의 E^0는 자유에너지표를 이용해서 계산한다.

화학종	G_f^0 (kJ/mol)
$C_6H_{12}O_6$ (aq)	−917.22
CO_2	−394.4
H_2O	−237.18

$$\Delta G^0 = (-917.22) + (6)(-237.18) - (6)(-394.4)$$
$$= 26.1\ kJ/mol$$

$$E^0 = -\Delta G^0/n\mathcal{F} = -26.1/[(24)(96.485)]$$
$$= -0.011\ V$$

$$E^{0'} = -0.011 - 0.41 = \mathbf{-0.42\ V}$$

그러면 전체 반응에 대한 전압은 다음과 같다.

$$\Delta E^{0'} = E^{0'}(red) - E^{0'}(ox)$$
$$= 0.82 - (-0.42)$$
$$= 1.24 \text{ V} > 0$$

포도당의 산화는 자발적이다!!

이 사실이 한 가지 의문점을 제기한다. **왜 우리 모두는 당장 불꽃으로 변하지 않는 것일까?**
다행히도 **활성화에너지** 때문에 자연연소는 일어나지 않는다.

이제껏 이 장에서는
화학반응에서 전기를
얻을 수 있는 방법을
다루었다.
하지만 전기로부터
화학반응을 얻을 수 있는
방법은 논의하지 않았다.

전기분해는
전류를 흘렸을 때
물질이 분해되는 것이다.

예를 들어 알루미늄은
전기분해 방법으로
광석에서 뽑아낸다.

안타깝게도 세부사항을 논할 여유가 없다….
그러니 전기분해는 다음 장에서 설명할 몇몇 다른 주제들과 함께
다음 기회를 기약해야 할 것이다.

Chapter 12
유기화학

살았니… 죽었니?

자연에서 볼 수 있는 92가지 원소들 중에서 어떤 것들은 특히 우리 주의를 끌었다.
산의 역할을 하는 수소, 반응성이 높고 수소를 좋아하는 산소처럼 말이다.
하지만 자기만의 화학분야를 가질 만한 원소는 오직 하나뿐이다. 바로 **탄소**이다.

탄소원자는 4개의 최외각전자 덕에 서로 결합하여 나머지 전자들에 붙어 있는 다른 원자들과 함께 긴 사슬을 형성할 수 있다. 이런 사슬들 중 가장 간단한 것은 탄소와 수소밖에는 아무것도 가지지 않은 **탄화수소**이다.

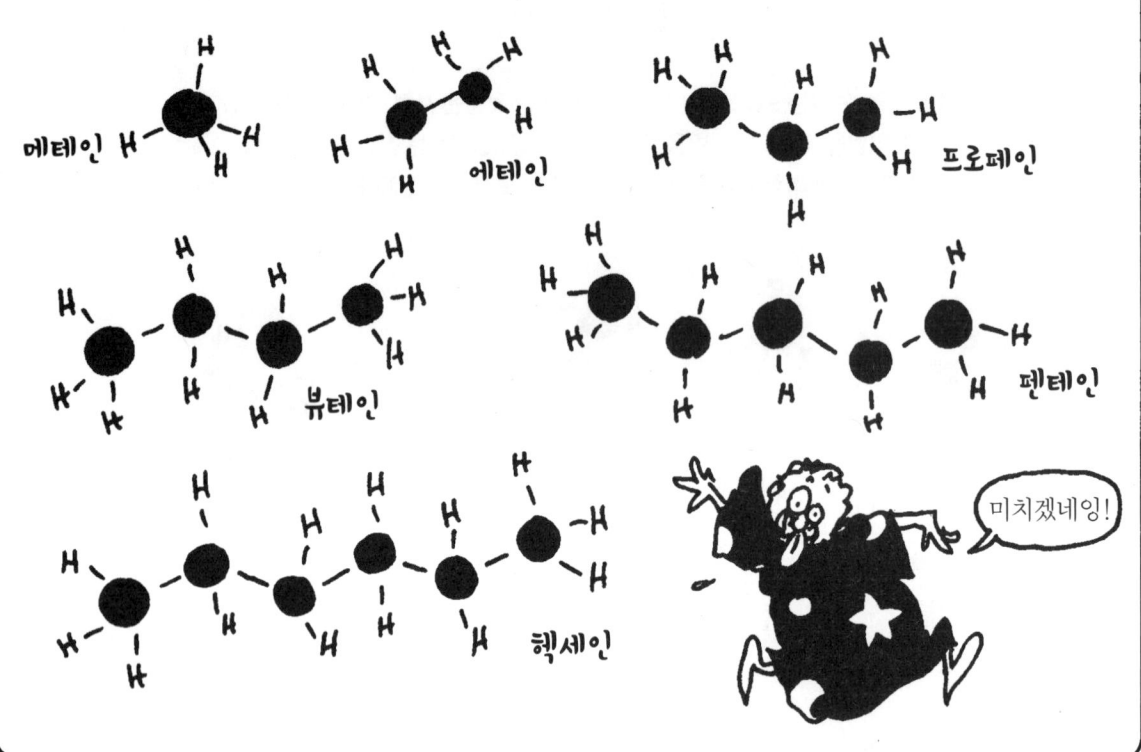

원유는 주로 탄화수소로 이루어졌다. 긴 사슬이 짧은 사슬보다 끓는점이 더 높기 때문에 정유공장에서는 이 2가지를 길이별로 분리('분별')하고 그런 후 긴 사슬을 화학적으로 짧게 '쪼갠다.' 휘발유는 5~10개(옥테인은 8개) 탄소를 가진 사슬들의 혼합물이다.

앞에 나온 것처럼 단일 결합만을 가진 탄화수소는 **알케인**(alkane)*이라고 부른다.
이중결합은 알케인을 **알킨**(alkene)으로 바꾸고 삼중결합은 이것을 **알카인**(alkyne)으로 만든다.

뷰틴(butene)   에틴(ethene)   에타인(ethyne)

뷰타다인 (butadiene, 이중결합 2개)   뷰타인(butyne)

벤진(benzene)   고리형 구조가 생기는 경우도 있다!

일을 더 복잡하게 만드느라 같은 화학식을 가진 두 화합물이 서로 다른 구조를 가질 수도 있다.
'같은' 분자의 변형들을 **이성질체**라고 부른다.

유기화학은 부분적으로 화학, 이름 놀이 그리고 기하학이다!

* 수소를 최대한으로 많이 가지고 있기 때문에 포화탄화수소라고도 부른다.
  이중결합이나 삼중결합을 가지고 있는 것은 모두 불포화라고 부른다.

산소와 질소가 끼어들면 일이 더 재미있어진다.

사슬에 OH가 있으면 이를 **알코올**이라 부른다.

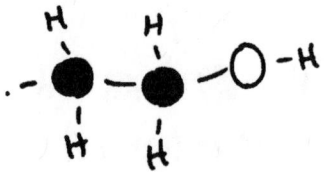

COOH기를 가지면 카르복시**산**이다
(OH 전체가 아니라 수소만 떨어져 나간다).

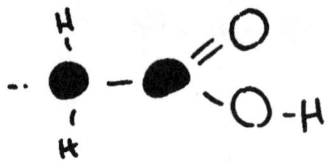

NH_2가 있으면 **아민**이 된다.

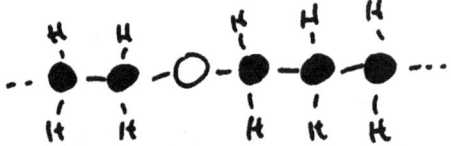

산소로 연결된 두 사슬은 **에테르**를 만든다.

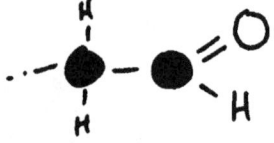

알데하이드는 다음과 같이 생겼고.

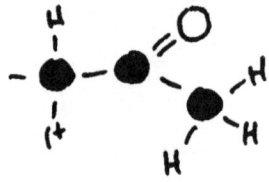

이건 **케톤**이다.

그리고 냄새 좋은 **에스터**를 잊지 말자.

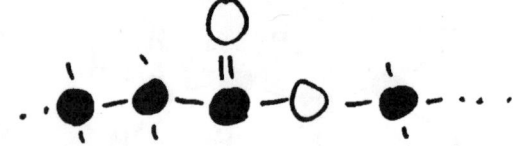

다음 포름산에틸에서는 럼 냄새가 난다.

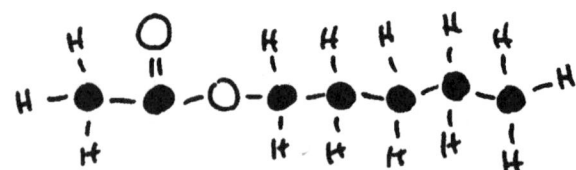

그리고 아세트산펜틸은 '바나나 기름'이다.

탄화수소(수소화된 탄소)가 가진 수소의 개수는 정확히 산소의 개수의 2배이다.*
즉 일반식이 $C_n(H_2O)_m$이란 말이다. 가장 간단한 것은 **글루코오스**($C_6H_{12}O_6$)와 같은 **당류**다.

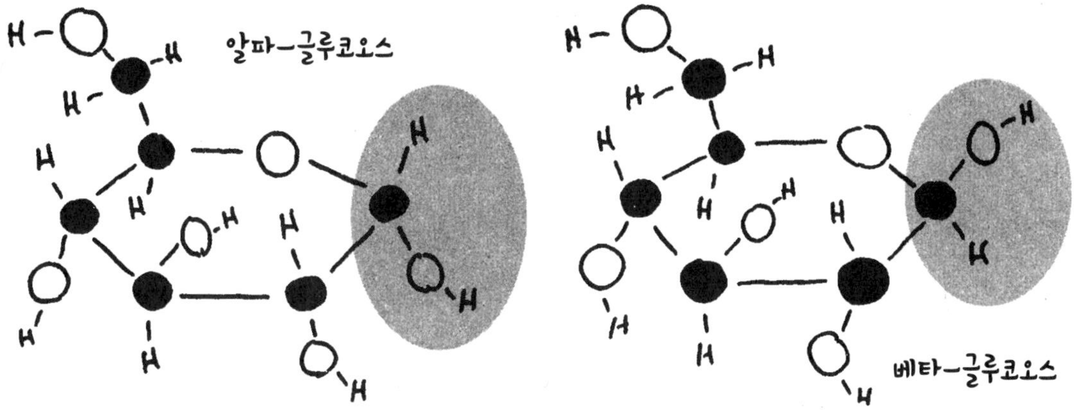

알파-글루코오스

베타-글루코오스

여기에는 주요한 이성질체 2개가 있다. 베타에서는 O 옆의 OH기가 고리에서 곁가지와 **같은 쪽**에 있다.
알파에서는 OH가 곁가지의 **반대쪽**에 있다.

고리가 하나인 당은 간단하게
단당류라고 부른다.
우리가 가게에서
살 수 있는 설탕인
수크로오스는 **이당류**인데
알파-글루코오스가
다른 단당류인
프락토오스에 연결된 것이다.

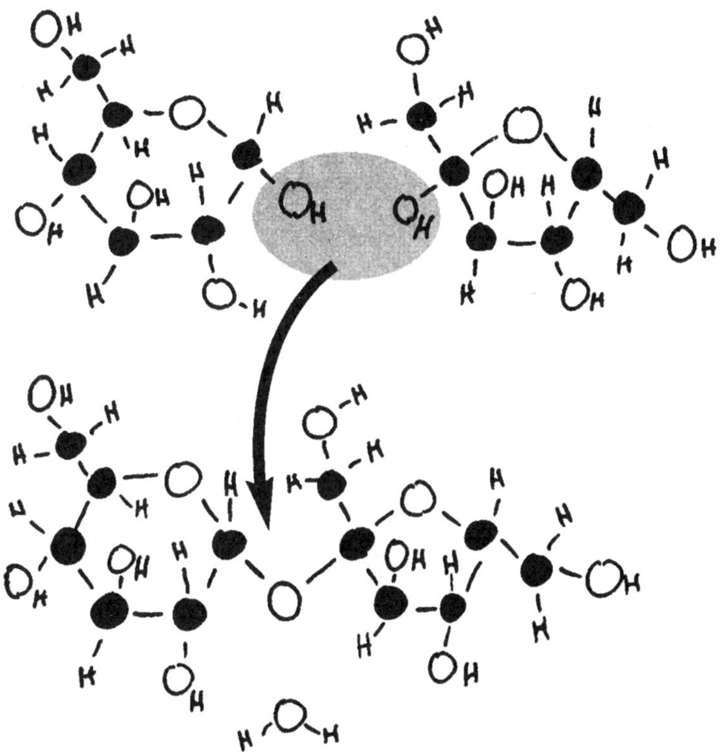

* 예외는 있다. 디옥시리보스는 산소수가 하나 적어도 당으로 간주한다.

잠시 숨을 돌리면서 스스로에게 물어보자.

왜 탄소이고, 오직 탄소일까?

탄소가 왜 긴 사슬을 형성하는 유일한 원소일까?

주기율표에서 탄소 밑에 있는 규소도 4개의 최외각전자를 가지고 있지만 수소화실리콘사슬은 찾아볼 수 없다.

한 가지 이유는 C-C 결합이 특별히 강하다는 것이다. 탄소원자는 작기 때문에 공유되는 전자구름이 핵에 가깝고 강하게 끌린다.

이처럼 산소나 질소로 만들어진 긴 사슬도 볼 수가 없다.

표에는 몇 가지 중요한 결합세기들이 나타나 있다 (이 값들은 결합을 깨는 데 필요한 에너지를 의미한다).

결합	세기(kJ/mol)
C-C	347-356*
C=C	611
C≡C	837
C-O	336
C-H	356-460*
Si-Si	230
Si-O	368
O-O	146
O=O	498
N-N	163
N=N	418
N≡N	946

* 탄소원자에 다른 무엇이 결합되어 있는지에 따라 달라진다.

C-C 결합이 C-O 결합보다도 더 강하다는 것에 주의하라. 이는 산소의 존재하에서도 안정한 탄소사슬이 형성될 수 있다는 것을 의미한다.

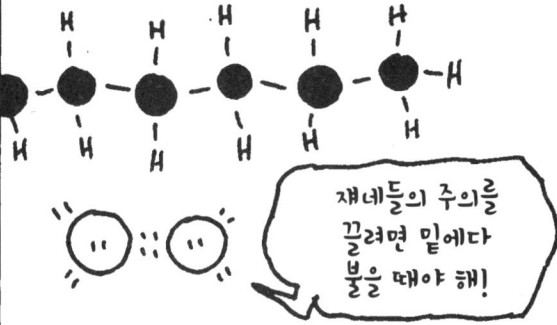

반대로, Si-Si 결합은 Si-O 결합보다 훨씬 약하다. 산소는 규소사슬을 자른다. 지구상의 대부분의 규소는 SiO_2(모래) 또는 규암 속의 SiO_3^{2-}로 존재한다. 실제로, 기름과 모래가 나란히 있는 것을 볼 수 있다.

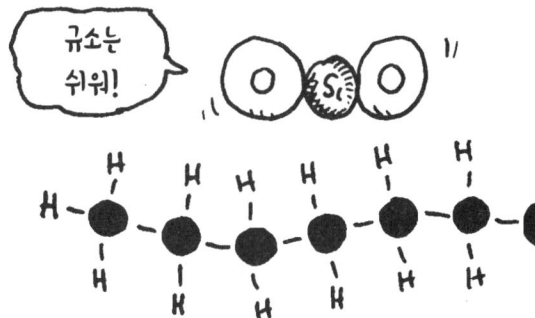

또한 C-C 결합 2개가 C=C 결합 하나보다 강하다. 그래서

와 같은 형태를

와 같은 형태보다 선호한다. 단일 결합 3개 또한 삼중결합 하나보다 더 강하다. 즉 작은 사슬보다는 긴 사슬이 더 유리하다.

반대로 산소는 O-O-O보다 O=O를 더 좋아하고 질소는 자기 자신과 N≡N의 형태로 결합하는 것을 선호한다. 결과적으로, 산소사슬이나 질소사슬 따위는 없는 것이다!

마지막으로, C-H 결합은 강하다. 탄화수소는 실온에서 안정하지만 다른 수소화물들은 산소 주위에서 불안정하다.

 정리하자면, 탄소는 단일 결합을 이룬 긴 사슬에 수소가 결합된 상태를 선호한다. 곁가지를 가지거나 고리를 만들기도 한다. 아마도 수소를 많이 붙인 상태로 곁사슬을 치거나 다시 길게 돌아와서 고리를 형성한 상태로 말이다. **이것은 다른 원소에는 전혀 적용되지 않는다.**

크고 복잡한 탄소분자들이 생명의 필수 재료들로 사용된다.
실제로 탄소화합물은 생명계와 참으로 긴밀하게 연관되어 있기 때문에
화학자들은 모든 탄소화합물을 **유기화합물**이라고 부른다. 탄소는 생명을 가능하게 한다!

화학자에게 다행이게도 가장 크고 겁나는 유기화합물들은 간단한 단위체들이 앞뒤로 연결된 사슬이다.
가장 간단한 예는 플라스틱의 일종인 폴리에틸렌$(CH_2)_n$이다.

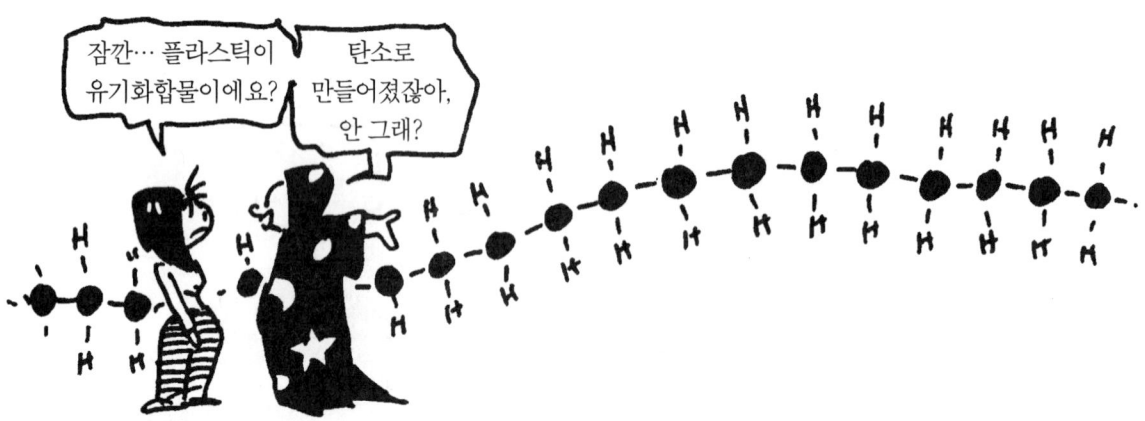

이런 사슬들의 개개 단위체들은 단량체라 하고, 사슬 전체는 **폴리머**이다.

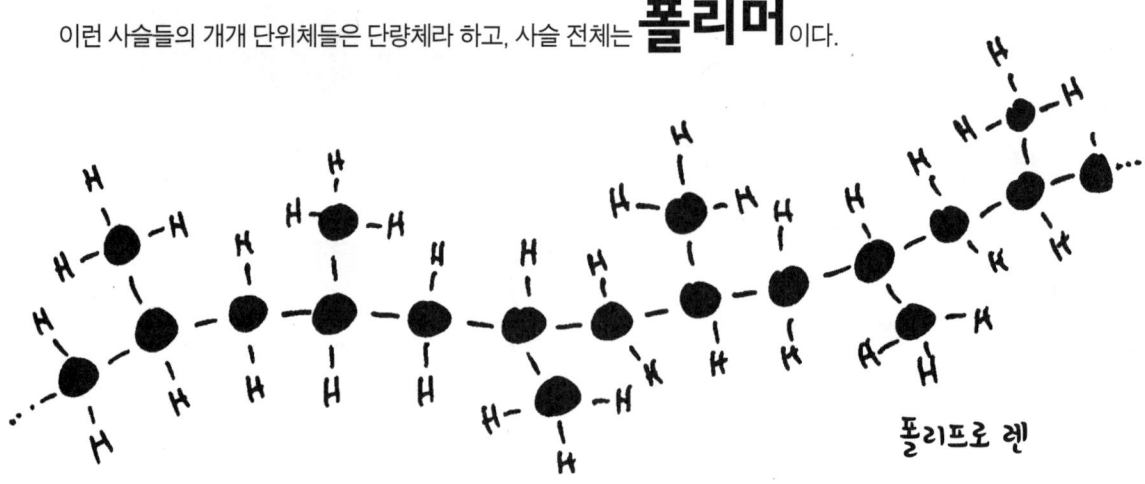

폴리프로 렌

자연의 중합체들은 이런 간단한 플라스틱류보다는 조금 더 변덕스럽다.
예를 들어 **다당류**에는 여러 당이 앞뒤로 연결되어 있다.
셀룰로오스는 베타-글루코오스 여러 단위를 반복해서 만들어진다.

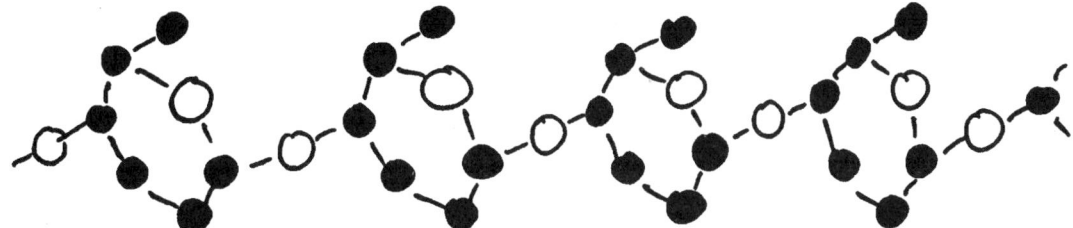

녹말은 알파-글루코오스 단량체의 조합이다.

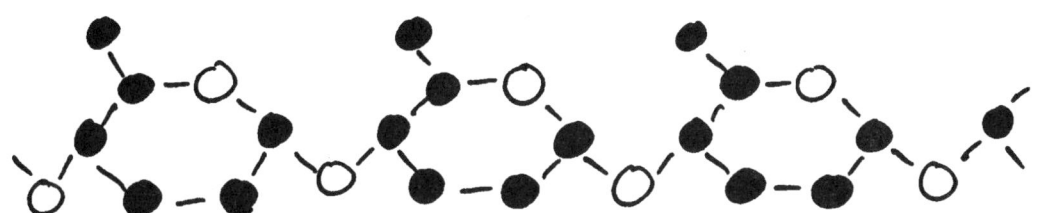

보다시피 상당히 유사함에도 불구하고 녹말과 셀룰로오스는 화학적으로 매우 다르다.
녹말사슬은 쉽게 분해되고 산화되어 신체 연료로 쓰이는 반면,
셀룰로오스의 섬유질은 질겨서 잘 소화되지 못하는 경우들이 있다.

생명의 화학물질 Chemicals of Life

생명계는 **반복적이 아닌** 사슬들로 가득 차 있다.
핵심 단량체 중 하나는 **아미노산**인데
이것은 같은 탄소원자에 염기성인 아미노기(NH_2),
산성인 카르복시기(COOH), 그리고 또 다른
작용기가 붙어 있는 구조를 하고 있다.

다른 것

어떤 이유에서인지 생물은 이 기본 구조의 20가지 다른 형태를 사용한다.

글리신   알라닌   발린

루신   이소루신   세린   트레오닌

페닐알라닌   타이로신   트립토판

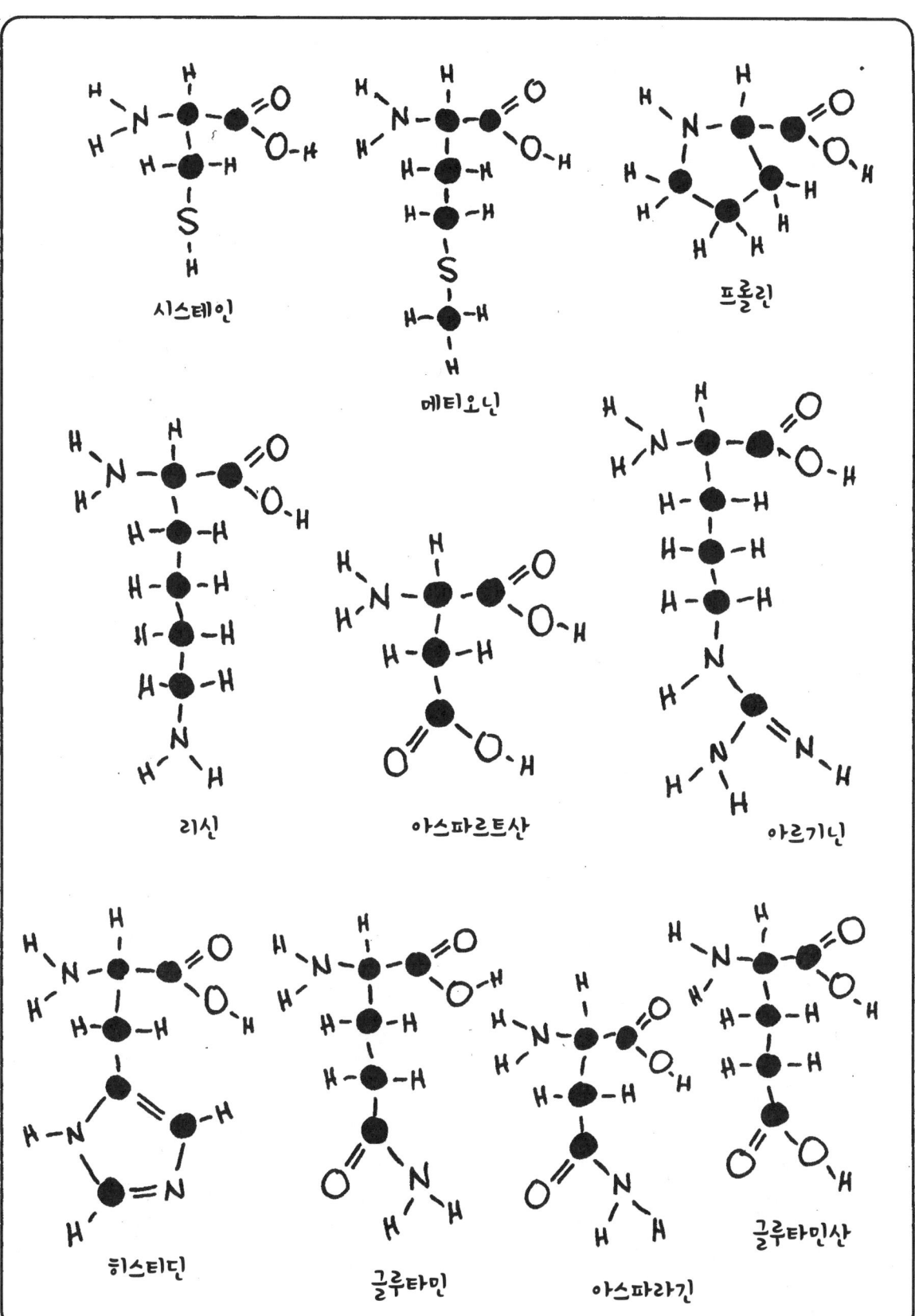

2개의 아미노산은 **펩타이드 결합**이라는 연줄로 서로 연결될 수 있다.

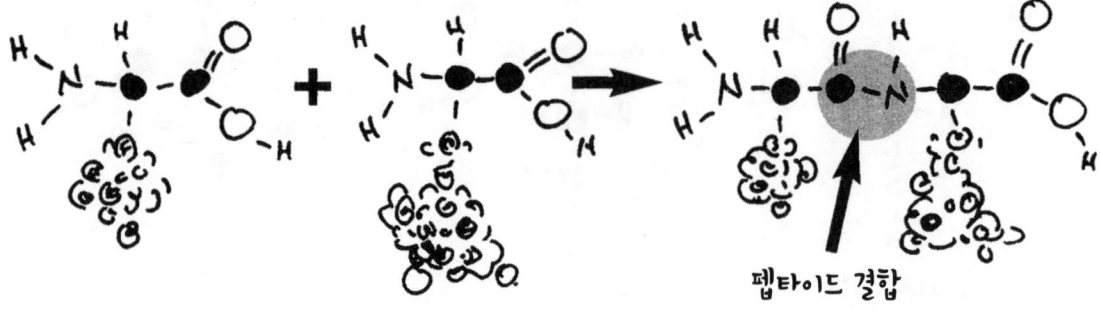

펩타이드 결합

결과적으로 생성되는 짧은 사슬은 여전히 한쪽 끝에 NH_2와 다른 쪽 끝에 COOH를 가지고 있기 때문에 더 많은 아미노산들이 **연결되어서** 폴리펩타이드사슬을 만들 수 있다.

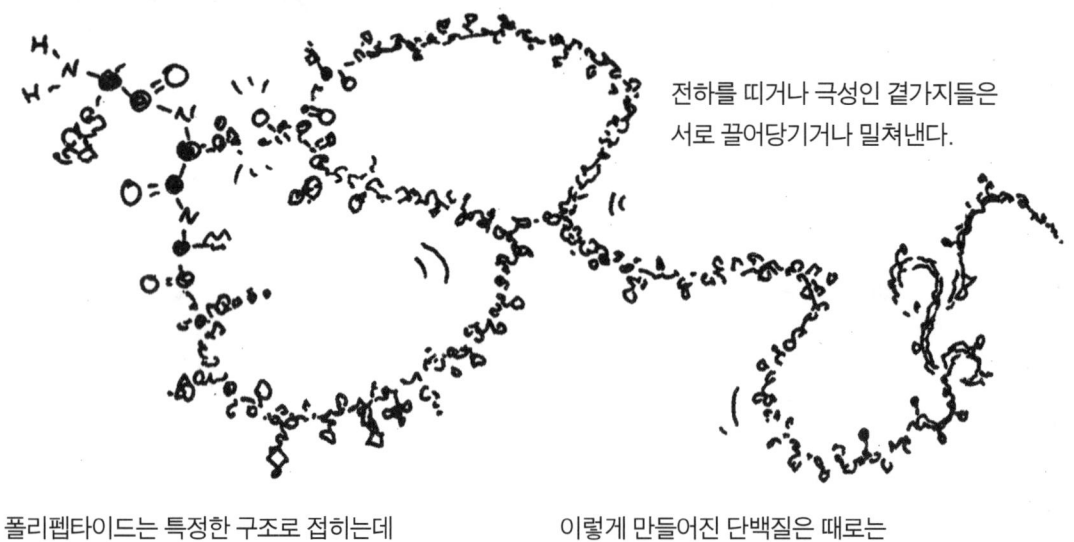

전하를 띠거나 극성인 곁가지들은 서로 끌어당기거나 밀쳐낸다.

폴리펩타이드는 특정한 구조로 접히는데 그 과정은 잘 알려져 있지 않다….

이렇게 만들어진 단백질은 때로는 2개 또는 그 이상의 사슬이 뭉쳐 있기도 하다.

어떤 단백질은 구조적인 물질로 작용하지만 대부분은 다른 반응에 대한 **촉매**들이다.
촉매로 작용하는 단백질은 **효소**라고 부른다. 예를 들어

설탕을 먹으면 몸은 설탕을 분해하는 효소를 만든다.　　효소는 자신의 상대인 특정한 설탕분자를 인식하고

이것을 더 작은 조각으로 쪼개는 반응을 촉진시킨다.　　효소 자체는 이 과정에서 바뀌지 않는다.

그동안에 **헤모글로빈**이라는 다른 단백질이 피를 통해 산소를 세포로 운반하고
여기에서 산소가 글루코오스를 산화시키고 우리 몸이 돌아가는 데 필요한 에너지를 내놓는다.

"내 몸은 이런 일들을 해야 한다는 걸 어떻게 알지요?"

"생명의 비밀은 유기화합물들이 정보를 저장할 수 있는 방법을 찾았다는 것이지. 여기서 이걸 배우게 될 줄은 몰랐지? 그치?"

"뭐라구요?"

핵산이라고 하는 기다란 분자들은 화학의 '언어'로 단백질의 아미노산 서열을 '기록'한다.

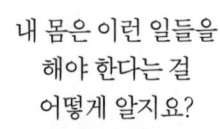
"메요?"

RNA, 리보핵산(ribonucleic acid)은 인산과 리보오스 당이 교대로 나오는 긴 골격을 가지고 있다. 각각의 리보오스에서는 **A, C, G, U**로 알려진 네 화학 염기들 중 한 종류가 튀어나와 있다.

코돈이라 불리는 3개의 염기서열은 각각 특정 아미노산을 지정한다. 단백질을 만드는 정보를 지닌 서열은 항상 메티오닌을 지정하는 AUG라는 코돈으로 시작한다. UAG, UAA, UGA는 모두 '끝'이란 뜻이다.

adenine / uracil / cytosine / guanine

전체적으로 어떤 메시지 처럼 보이는데, 사실 그렇다! (수소원자는 생략).

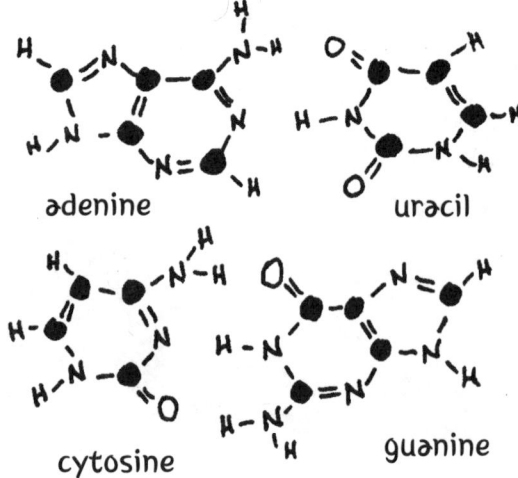

다른 핵산인 **DNA**, 디옥시리보핵산(deoxyribonucleic acid)은
RNA와 비슷한 두 가닥을 가지고 있고 이들은 서로 꼬여 있다.
RNA와 마찬가지로 DNA도 염기로 **A**, **C**, **G**를 사용하지만
U 대신 **T**(티민)를 사용한다.

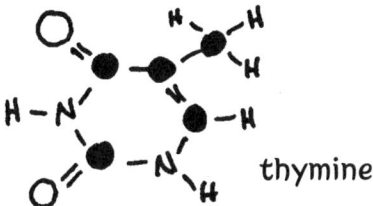

이 두 가닥은 기적적으로 완벽하게 서로 잘 맞는다.
A는 항상 **T**와 쌍을 이루고, **C**는 항상 **G**와 쌍을 이루어
수소결합으로 서로를 붙잡고 있다.

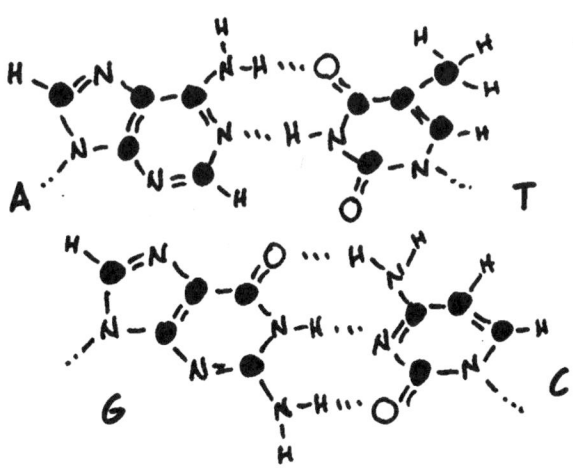

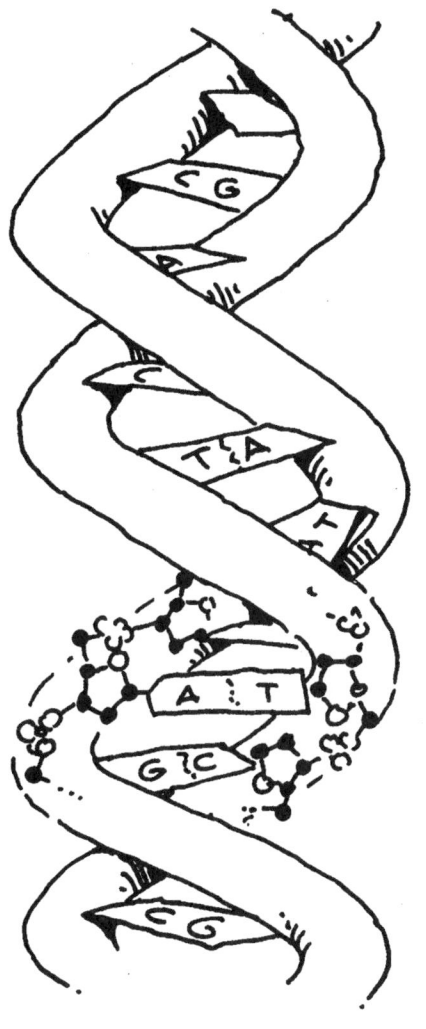

DNA의 한 가닥은 다른 한 가닥과 **상보적**이다. 다시 말해서, DNA는 **자신을 복제하는 데** 필요한 정보를
가지고 있다!!! (실제로는 효소들이 산화-환원반응에서 나오는 얻는 에너지를 사용해서 복제를 한다)

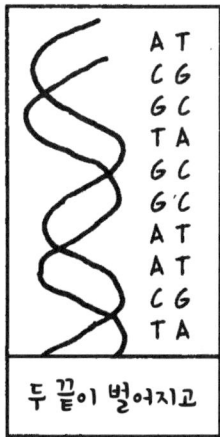
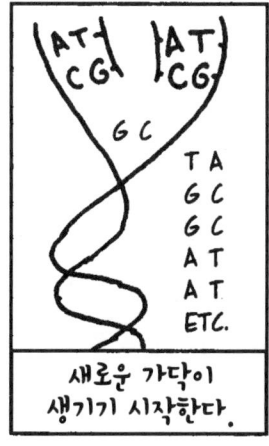
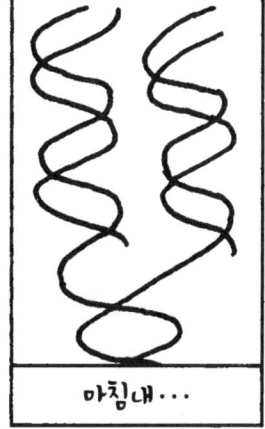
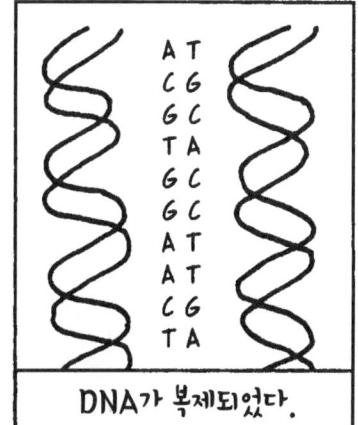

복제가 어떻게 일어나고
코돈 서열이 어떻게 단백질로
번역되는가 등 세부사항을
다른 데서 알아보는 게 좋겠다.
『세상에서 가장 재미있는 유전학』을
추천한다.

그리고 유기화학과 생화학에 대한 세부사항은 실제로 끝이 **없다!**
물리화학, 핵화학, 환경화학, 나노 등 화학의 모든 다른 분야들도 마찬가지다.

부록
로그 사용하기

일부 장에서는 로그라고 부르는 수학을 사용한다. 로그는 숫자를 편하고 짤막하게 쓰는 방법이다. 예를 들면 [H⁺]=10⁻⁷ 대신 pH=7이라고 쓴다. pH는 로그이다.

연필을 아껴야지….

로그는 지수이다. 어떤 수 N의 상용대수 logN은 그 수와 같은 값을 가지기 위한 10의 지수이다.

$$10^a = N 은 \quad a = \log N 과 같다. \quad 즉 \ 10^{\log N} = N$$

그러니까 $\log 10 = 1$, $\log 1 = 0$, $\log 100 = 2$ (왜냐하면 $10^0 = 1$, $10^2 = 100$)

그리고 $\log 72.3 = 1.85914 \qquad 10^{1.85914} = 72.3$

9장에서 자주 썼지!

주요 사실 : 두 수를 곱하면 두 수의 로그는 더해진다.

$$\log MN = \log M + \log N$$

왜냐하면 $10^a 10^b = 10^{(a+b)}$ 만일 $M = 10^a$이고 $N = 10^b$이면 $MN = 10^a 10^b = 10^{(a+b)}$, 따라서 $a+b = \log MN$ 그런데 $a = \log M$ AND $b = \log N$

마찬가지로

$$\log(M^p) = p(\log M)$$
$$\log\left(\frac{1}{N}\right) = -\log N$$

왜냐하면 지수는 아래의 성질이 있으니까.

$$10^{-a} = \frac{1}{10^a} \qquad 10^{ab} = (10^a)^b$$

log N은 N이 얼마나 큰 수인지 짐작하게 해준다.
로그의 정수 부분은 N이 10의 몇 제곱인지 알려준다.

$$\log 1{,}234 = 3.0913$$
$$\log 1.234 = 0.0913$$
$$\log 1{,}234{,}000 = 6.0913$$
$$\log(a \times 10^n) = n + \log a$$

http:// www.squarebox.co.uk/desktop/scalc.html에 가면 조사한 온라인 계산기가 있음.

엄청 큰 숫자네…

자연대수

보통 많이 사용하는 상용대수는 10의 지수이다. 때로는 자연대수가 더 편리하다.
예컨대 어떤 양의 변화율이 자신의 양에 비례하면 시간 t에서의 변화율을 다음과 같이 쓸 수 있다.

$$r_A(t) = kA_t$$

시간 t에서 남아 있는 양, A_t는 아래와 같이 변한다. A_0는 처음 양이고 e=2,71828… 이다.

$$A_t = A_0 e^{kt}$$

$e^{kt}=A_t/A_0$로부터 $kt=\ln(A/A_0)$라고 쓸 수 있는데,
이 때 $\ln(A/A_0)$를 A/A_0의 자연대수라고 한다.

$$M = \ln N 은 \quad e^M = N 과 같은 뜻이다.$$

$e^a e^b = e^{(a+b)}$이므로 자연대수도 상용대수와 같은 관계를 따른다.

$$\ln MN = \ln M + \ln N$$
$$\ln(1/M) = -\ln M$$
$$\ln(M^n) = n \ln M$$

실은 자연대수는 상용대수에 상수를 곱한 것이다.

$$\ln N = \ln(10^{\log N}) = (\log N)(\ln 10)$$
$$\ln 10 = 2.302585... \text{ 따라서}$$
$$\ln N = 2.302585 \log N$$

존 네이피어가 1600년대에 로그를 발명했지.

찾아보기

| ㄱ |

가열곡선 132~134
게리케, 오토 폰 13, 117
결정구조 54~57
　　공유결합 63
　　금속결합 57~59
　　얼음 129
　　이온결합 54~57, 70
　　탄소 131
결합(뭉치기) 51~72
　　세기 114, 238, 239
　　용매화 137
　　위치에너지 93
　　탄소원자 234, 238
결합반응 75, 150~158
고차반응 161~163
고체 111, 112, 115, 128, 129
　　용해 136~138
　　표준몰엔트로피 203
공기 10, 16, 104
공명 67
공유결합 60~63, 68, 69, 71
　　인력의 세기 114
구경꾼 이온 186
구리 9, 99, 100
　　아연 반응 217~219
극성 68~71, 142
글루코오스 230, 231, 245
금속 48, 217
금속결합 58, 59, 114

금속이온의 산 작용 179
기계적 에너지 93
기체 12~19, 104, 116~120
　　비활성기체 49, 50, 113, 131
　　상 변화 127, 130, 131
　　온도 97, 115
　　용해도 143
　　특징 111
기체법칙 118~120, 134
길버트, 윌리엄 23
깁스함수(깁스자유에너지) 207~211, 226
끓는점 115, 126, 127
　　가열곡선 132, 133
　　탄소사슬 234
　　헬륨 131

| ㄴ |

납축전지 224
내부에너지 96, 97
냉각제 100, 101
4가지 기본 원소 10
네른스트식 228, 229
네온 40, 49
녹는점 115, 128, 129
　　가열곡선 132, 133
녹말 241
농도 139, 140, 148, 149, 170, 174, 175, 188

| ㄷ |

다원자이온 56, 67, 84
단백질 244~246
단일단계반응 162, 163
당(설탕) 136, 237, 245
당량 184
데모크리투스 10
도자기 75, 76, 79, 123
돌턴, 존 19
동위원소 31
DNA 247

| ㄹ |

라디칼 148
라부아지에, 앙투앙 16, 17
라지, 알 11
란타넘 계열 43
런던분산력 113
로그 177, 249, 250
루이스구조 62, 65, 67
르샤틀리에의 원리 168, 169, 190, 210

| ㅁ |

멘델레예프, 드미트리 21
몰 78, 79, 87, 116, 118
    아보가드로수 78
몰농도 140
무게 17, 18, 78
물 18, 19, 25, 202
    극성 68~70
    끓는점 126
    녹는점 129
    분자 모양 65
    분해 181

    비열 99~101, 133
    산/염기 174, 175, 191~195
    쌍극자분자 112
    얼음과 팽창 129
    이온화 167, 174, 176, 178
    이온화상수 176, 214
    증발 122, 123, 133
물질 8~50, 111~134
    고대의 이론 10~11, 19
    세 종류 111

| ㅂ |

반감기 149, 150
반복적이 아닌 사슬 242~244
반응속도상수 159
반응의 화학량론 77
반응물 74, 75, 147~170, 208, 229
    생성엔탈피 107, 122
    질량균형표 79
반응생성물 74
반응속도 147~170
반응속도상수 150
반응식 74, 79, 149~151, 213
반응식의 균형 76, 77
반응의 평형상수 166
반응지수 213
반쪽반응 220~225, 228, 230
발열반응 105, 157
발전기 224
보일의 법칙 118
볼타전지 219
볼트/전위차 37, 219, 221~224, 231
    자유에너지와 전위차 226~229
봄열량계 102
부분압력 124, 125, 128, 143, 152~154
부식 12, 83

부피 116, 118, 119
분자 19, 55, 61~67
    멀라이트 75, 76
    모양 64, 65
    분자간 힘 112~115
    분자량 78
    용해도 142
    운동에너지의 저장 200
    이온화분율 180
    전하를 띠는 분자 67
    조성 63
    충돌이론 152~158
    표준엔트로피 203
분자간 힘 112~115
분해반응 75
불 7~10, 15, 17, 73, 74
브란트 11
비금속 48, 53, 62
비누 81
비열 98~101, 133
비활성기체 49, 50, 113, 131
빛에너지 92

| ㅅ |

산/염기 171~196
    당량 184
    완충용액 191~196
    중화 183~186
    짝산/짝염기 172, 173, 192
산소 15~20, 53, 233, 245
    공유결합 62, 64
    원자번호 32
    전자껍질 40
    탄소사슬 237, 239
산화 83, 230, 231
산화수 84~89, 216

산화제 86, 109
산화-환원반응 82~89, 109, 215~227
생명
    글루코오스의 산화 230, 231
    기원 160
    수소결합 70
    화학물질 242~247
생성열 106~110
샤를의 법칙 118
섞임 141
섭씨온도 94
수소 15, 18, 19, 220, 233
    산화-환원반응 220
    연소열 109
    원자번호 32
    전자껍질 37, 40
    탄소사슬 234~237, 239
    pH 176
수소결합 61, 70, 100, 112
    가수분해 181
    세기 114, 115
    DNA 247
승화 128, 130
식초 136, 180
실험식 55, 74
쌍극자 112, 113

| ㅇ |

아리스토텔레스 10, 11, 17
아미노산 242~244, 246
아보가드로의 법칙 118
아보가드로수 78
RNA 246
암모니아 65, 169, 173, 182, 185
압력 212
    기체법칙 119

기체의 용해도 143
　　르샤틀리에의 원리 169, 210
　　얼음의 녹음 129
　　엔트로피 변화 212
　　외부압력 126, 129
　　일정한 압력 104, 105
　　증기압 124~128, 145
액체 112, 115, 121~127
　　끓는점 126
　　녹는점 129
　　상평형그림 130, 131
　　용액 135~146
　　용해도 141, 142
　　증발과 응축 122~127
　　표준몰엔트로피 203
　　현탁액 138
　　→ 물 참조.
양극 25, 218, 219, 224
양성지 30~33
양이온 26, 188, 218
양자역학 34, 35, 67, 204
양전하 24~28, 218
　　양성자 30
어는점 101, 144
얼음 129, 132, 133
에너지 32, 36, 37, 91~109
　　보존의 법칙 92
　　양자 36, 200
　　전기화학 215~232
　　충돌에너지 156, 157
　　퍼짐(퍼지는 것) 200, 201~208
　　활성화에너지 158~160, 231
에너지 양자화 36, 200
에멀션 138
엔탈피 104, 105
　　변화 137, 206, 207
　　생성엔탈피 106~110, 122, 128, 211

엔트로피 201~212
역동적인 균형(동적 평형) 164, 165
역반응 164, 165, 201, 213
연금술 11, 12
연료전지 225
연소 17, 74, 75, 83
　　연소열 109
　　자연연소 231
연소열 109
열 92~110
　　반응의 활성화 157~160
　　→ 온도 참조.
열 변화 99, 102~110, 206
열계량법 102~106
열역학 197~214
　　제2법칙 205
열용량 98~110, 203
염기 → 산/염기 참조.
오비탈 35~42, 49, 66
오존 148
옥텟규칙 50, 67
온도 94, 95, 97, 110
　　녹는점 128~131
　　반응속도 170, 210
　　끓는점 126
　　기체법칙 119
　　열계량법 102, 103
　　임계온도 127
　　엔트로피 변화 201
　　열용량 98~101
　　용해도 141, 143
　　상에 대한 영향 115
온도계 94, 121
완충용액 191~196
용매화 137, 138
용액 135~146
　　반응속도 148~154

산성도의 척도 174~182
약산 180~182
완충용액 191~195
적정 187
중화 184~186
포화 188
pH 177, 184~186
용액 136, 140
용해과정 135~146
어는점/끓는점 144, 145
염 188
용해도 141~143, 190
용해도곱 188, 189
운동에너지 93, 96, 97, 156
원소 18~22
고대의 4가지 원소 10, 16, 17
그룹화 42, 43
동위원소 31
목록 33
산화수 84, 85
원자번호 31
전하의 치우침 68
주기율표 21, 22, 44~50
특별한 탄소 238, 239
원자 10, 19
산화수 85, 216
원자간 결합 51~72
원자론 25, 50
원자론자 10, 19
이온화에너지 46
전기음성도 53, 54, 60, 62, 68, 69
전자친화도 47~50
전체 전하 84
원자가전자 → 최외각전자 참조.
원자량 21, 32, 118
원자번호 31~33, 46
원자의 크기 45

원자질량 30~32
원자질량단위 31, 78
위치에너지 93, 96, 219
유기화학 233~248
융해열 128
음극 25, 26, 218, 219
음의 환원전위 223
음이온 26, 47, 49, 218
단원자 54
음전하 24~28, 34, 218
전자 26, 30
응축 124~127
이상기체 116, 119
이성질체 235
이온 26, 37, 54, 55, 57, 115
이온결정 54~57
이온결합 54~57, 60, 71
극성 69
쌍극자 112~114
인력의 세기 114
이온화 37, 46
물의 이온화 167, 174, 176, 178, 191~195, 214
약한 이온화 178~182
염기의 이온화상수 181, 182
이온화에너지 46
평형 166~170
이중결합 62, 64, 67
이중치환반응 82
2차 반응 152, 153, 159~161
인력 112~134
1차 반응 151
입자 26, 34, 54
엔트로피 204
1몰에 들어 있는 입자의 개수 78
충돌 152~158

| ㅈ |

자발적인 과정 198, 199, 207, 210, 227, 231
자비르 11
자유에너지 변화 207~212, 226~229
적정 187
전극 26, 218, 224
전기 23~50, 215~232
    금속 전도체 59
    인력/반발력 96, 112~134
    → 음전하, 양전하 참조.
전기분해 25, 26, 232
전기양성도 53, 54, 60, 68
전기음성도 53, 54, 60, 62, 68, 69
전기화학 215~232
전류 25, 59, 232
전위차 219
전이금속 43, 45
전이 상태 155
전자 26, 27, 30, 32, 34~50
    결합 53, 58, 60~64, 69, 238
    공유 63~65
    궤도(orbit) 35~39
    금속 58, 59
    껍질 37~45
    산화-환원반응 83~87, 109, 215~225
    쌍극자간 인력 113
    옥텟규칙 49, 50, 67
    이온화에너지 46
    입자/파동 34, 36
    전자쌍 64, 65, 67
    최외각전자 45, 46, 62
    친화도 47~50
전지 25, 219, 224, 228
절대엔트로피 202, 203
정반응 165, 188, 213
정전기적 인력 54

주기율표 21, 22, 44~50
주족원소 43
줄 92, 98, 99, 133
줄, 제임스 98
중성자 30~32
중화 183~187, 196
증기압 124~128, 145
증발 122~125, 128, 132~134, 145
지시약 177
질량 30, 34, 78
질량-균형표 79, 88
질량작용의 법칙 166

| ㅊ |

초유체 131
최외각전자 45, 46, 62, 64, 85
촉매 159, 160, 245
촉매변환장치 160
충돌이론 152~158
침전 74

| ㅋ |

켈빈단위 94, 116

| ㅌ |

탄성 116
탄소 20, 40, 53, 88, 233, 238. 239
    산화제/환원제 86, 87
    상평형그림 131
    원자 27, 30, 31, 234
    최외각전자의 결합 64
    혼성오비탈 66
탄소사슬 234~246
탄수화물 237

탄화수소 234~236, 239

| ㅍ |

파라데이상수 226
파장 34~36
펩타이드결합 244
평형 124, 130, 164~170, 207, 228
    산/염기 171~196
평형상수 166, 167, 181, 188
    약한 이온화 178, 179
    용해도곱 188, 189
    pH 176
포화 141, 188~190
폭발 104, 105, 108, 109, 120
폭발물 12, 82, 83, 86~89
폭약 제조법 88
폴리머 240, 241
폴리펩타이드사슬 244
표면장력 121
프랭클린, 벤저민 24
프리스틀리, 조지프 14, 15, 17
플라즈마 134
pH 176, 177, 179, 182, 184~186
    광자 93
    네른스트식 229
    상 변화 115, 125~133, 201
    상평형그림 130, 131
    완충용액 191~195
    용해도에 대한 영향 190
    종말점 187
피코미터 28

| ㅎ |

하버법 169, 206, 210
하이드로늄 174
할로젠 47
핵 28, 31, 32, 47
핵산 246, 247
헤라클레이토스 10
헤모글로빈 245
헤스의 법칙 107
헨더슨-하셀바흐식 193~195
헬륨 131
현탁액 138
혼성오비탈 66
화학결합 → 결합 참조.
화학반응 14~18, 73~89
    가수분해 181
    가역반응 164, 165, 201, 213
    불 7~9
    산화-환원반응 82, 83
    속도 147~170
    에너지 전달 95~110
    엔트로피 204~212
    연금술 11, 12
    용액에서의 반응 135~146
    자발적인 반응 207
    자유에너지 211
    전기 생산 215~232
    정의 8
    촉매 159, 160, 245
    활성화에너지 158~160
화합물 17~19, 235
환원제 86
활성화에너지 158~160, 225, 231
효소 245
흡열반응 105, 108, 122, 128, 157

옮긴이의 말

거의 20년 전 미국에 살 때 우연히 Cartoon Guide to Physics를 접하게 되어 재미있게 읽고 그 후로 유전학, 통계학, 세계사 등에 관한 고닉 시리즈를 다 사서 읽었다. 그러면서 왜 화학은 안 나오나 궁금해 했는데, 내가 Cartoon Guide to Chemistry를 번역하게 되다니… 허벅지를 꼬집기라도 해야 할 판이다. 그렇지 않아도 나도 강의와 저술을 통해서 화학의 진수를 쉽고 재미있게 전달하려고 노력하고 있는데, 이 책을 번역하면서 다시 한 번 화학이 재미있을 수도 있다는 것을 확인하였다. 과학에 관심이 있는 중고등학생이라면 이 책의 재치 있는 서술과 그림을 통해서 화학의 기본 개념을 자연스럽게 배울 수 있을 것이다. 그리고 나서 보다 심화된 화학을 공부하고 싶어진다면 역자로서 더 바랄 나위가 없겠다.

2008년 1월

김희준

옮긴이 소개

김희준 _ 서울대학교 화학과를 졸업하고 미국 시카고대학교에서 물리화학을 전공하여 이학박사 학위를 받았다. 서울대학교 자연과학대학 화학부 교수와 명예교수, 광주과학기술원 석좌교수로 재직하였다. 서울대학교에서 과학을 전공하지 않은 학생들을 대상으로 한 '자연과학의 세계'는 '대학 100대 명강의'에 선정되었다. 지은 책으로는『김희준 교수와 함께하는 자연과학의 세계』1~2,『철학적 질문 과학적 대답』,『빅뱅 우주론의 세 기둥』,『과학으로 수학보기 수학으로 과학보기』(공저) 등 다수가 있다.

이영경 _ 서울대학교 화학과를 졸업하고 미국 시카고대학교에서 석사(유기화학), MIT에서 박사(식품화학) 학위를 받았다. 미육군 네이틱연구소 연구원 및 컨설턴트로 활동했고, 1997년 한국 식품의약품안전청 기술자문관을 역임했으며, 중앙대학교, 서울산업대학교, 서울대학교 등에서 강의를 했다. 김희준 교수의 아내이자 아들 요한과 딸 한나의 엄마이다.

안성희 _ 이화여자대학교 과학교육과(화학전공)를 졸업했다. 현재 서울대학교 대학원 화학부에서 미량의 단백질/펩타이드 분석 연구를 하고 있다. 2004년부터 과학글쓰기 공동체인 꿈꾸는 과학에서 활동 중이다.

세상에서 가장 재미있는 화학

1판 1쇄 펴냄 2008년 2월 5일
2판 1쇄 펴냄 2022년 12월 1일
2판 3쇄 펴냄 2025년 9월 25일

그림 래리 고닉
글 크레이그 크리들
옮긴이 김희준, 이영경, 안성희

편집 김현숙 | **디자인** 이현정
마케팅 백국현(제작), 문윤기 | **관리** 오유나

펴낸곳 궁리출판 | **펴낸이** 이갑수

등록 1999년 3월 29일 제300-2004-162호
주소 10881 경기도 파주시 회동길 325-12
전화 031-955-9818 | **팩스** 031-955-9848
홈페이지 www.kungree.com
전자우편 kungree@kungree.com
페이스북 /kungreepress | **트위터** @kungreepress
인스타그램 /kungree_press

ⓒ 궁리출판, 2008.

ISBN 978-89-5820-696-5   07430
ISBN 978-89-5820-690-3   (세트)

책값은 뒤표지에 있습니다.
파본은 구입하신 서점에서 바꾸어 드립니다.